っく
# 生きものたち

藤原裕二

けやき出版

　きらめく生きものが、あなたの近くにも棲んでいます。そんな素敵な生きものに出会いたいと思いませんか？
「輝きを放つ美しい花や昆虫、野鳥」「可愛らしく親しみが持てる生きもの」
「ワクワクするような野生的な動物」

　この本では、このような美しい、可愛い、または野生的で人気のある動植物を紹介します。実は関東付近の自然の中にも美しく、可愛く、野生的な生きものがたくさん棲んでいます。多くの方にこのような素敵な生きもののことを知っていただけるよう、写真とともに解説いたします。

　これまでのほとんどの生きものの図鑑は、様々な種を植物や野鳥など分野に限定して紹介するものでした。それに対しこの本は、花、昆虫、野鳥、哺乳類と複数の分野から「きらめく」という観点で魅力のある種を紹介しています。森林や公園などを散策して自然に触れ合い、様々な生きものとの出会いを楽しめるよう分野を限らず動植物の姿を一冊にしました。生きものが綺麗だ、面白いと思って好きになるのは楽しいし、なぜ生きものがそのような姿や行動をしているかを考えるとより面白くなります。その手助けをするのがこの本です。そのために、次の工夫をして魅力的な生きものを紹介する本にしました。

・花、昆虫、野鳥、哺乳類から、人気のある種を集めた。
・その種の魅力が分かるような写真を載せた。
・なぜそのような姿や行動をするのかなど生態についても解説した。
・自然の中での他の生きものとのつながりも分かるようにした。
・ハイキング程度で行ける関東付近の公園から低山までを対象範囲とした。
・難しい専門用語はできるだけ使わないなど分かりやすさに配慮した。

　筆者は、長年様々なきらめく生きものを探し回って写真を撮ってきました。そして、自然観察会やハイキングツアーで自然ガイドを行ってきて、その経験の中で様々な生きものについて学び、また、どのような種が一般的に好まれるかを感じ取ってきました。この本は、その集大成です。

　この本が、読者の皆様にとって、身近な自然の中にいる生きものたちの理解につながり、生きものの美しさや面白さをより楽しんでいただく一助となればうれしいです。そして、生きものが好きになり、自然の仕組みの素晴らしさを感じ取っていただきたいと願っています。

# ✦ 目次 ✦

## きらめく生きものとは

　「綺麗な花ね」「蝶の羽が光って綺麗」「青い鳥が飛んだ。美しい！」「リスがいる。可愛い！」

　このように、花や動物に出会い、ウキウキしたことはないでしょうか。生きものを見て理屈なく驚いたり、感激したりすることは誰にでもあると思います。それは、その生きものがきらめいているからではないでしょうか？

　「きらめく」の意味の一つは、文字どおり「きらきらする」ことで、生きものに当てはめると「輝くような美しさ」になります。美しさの感じ方は人それぞれですが、実際に野外や昆虫で光り輝く種があります。もう一つは、面白い姿や行動、可愛い顔、野生的でワクワクするような生きものも、人によって輝くように見えると思います。そのような種は人気があるものもあり、それを見ようと追いかけている人もいます。

## なぜ「きらめく」のか（生きものの基本的性質）

　まず大前提として、生きものは人を楽しませるためにきらめいているわけではありません。その生きものが環境に適応して生き続けるためです。

　どの生きものも、基本的な性質として「環境に耐え命を維持する」、「エネルギーや栄養を得る」、「子孫を残す」ことを目的とした姿をし、行動しています。環境に耐えることは温度、水分、光などの環境に耐えることと、他の生きものに食べられないためもあります。そのために昆虫などでは、天敵から目立たない保護色や、逆に天敵を脅かすような派手な模様になることがあります。エネルギーや栄養については、植物では日光と土などからエネルギーや水分・栄養を、動物は何かを食べてこれらを得ています。動物では鳥のように餌を捕りやすいようにくちばしの形が変わったり、鋭い目つきやたくましい身体になったりしています。また、餌を捕る時の行動が面白い生きものもいます。子孫を残すことは自分の遺伝子を持つ別の個体を残すことで、普段見られる多くの生きものはオスメスの性があり、異性の遺伝子と結合して新たな子を残しています。その結合のために、様々な形態の変化や行動が取られています。

　例えば、花は生殖器官で雄しべの花粉を雌しべに移すことで遺伝子の結合が行われま

すが、その花粉を昆虫などに運んでもらうために、花弁の色や形を変えて工夫をしています。また、野鳥や蝶のオスは、メスから目立つような色や模様をしている種があります。

　また、この基本的性質を満たすために生きもの同士に様々な関係があります。その一つとして「共生」といって2つの生きものがお互いに利益を得る関係があります。例えば花が昆虫に蜜を与え、花は花粉を運んでもらう関係です。この共生関係によって花は特定の昆虫に魅力的な色や構造になり、特定の昆虫はその花の蜜にありつけるように口吻が長くなったり、特殊な花の構造でも入れるようになったりしています。

　このような生きものの基本的な性質のために、長い進化の過程で環境との相互作用で、現在の様々な種が生き残っており、そのいくつかが人にもきらめいて見えているのです。

## 関東付近の自然と生きもの

　東京の都心部は人工的なビル街や住宅街が広がりますが、少し外に行くと山や里、農耕地、川などがあり、また街中でも公園や緑地があります。そこには森や林が広がり、草原、水辺などもあり、様々な生きものが暮らしています。

　森林については、日本は南北に長く亜熱帯から亜寒帯までの気候帯がありますが、関東地方南部までは暖温帯の常緑広葉樹林で関東地方北側は冷温帯の落葉広葉樹林が分布しています。その間の東京付近は暖温帯と冷温帯の移行帯となっており、場所によって両方の植生が見られます。例えば高尾山は、南側が暖温帯で北側が冷温帯の境界になっていて両方の植生があり、植物種類数（高等植物）が英国全体と同じ1300種類生息すると言われています。このように関東周辺は南部、北部、平野、山地と気候の変化が多い地域で、それに適応した植物や動物が分布しています。

　本書では、この関東付近の平野から低山までを範囲とし、概ね都市内の公園などから里山、農耕地、河川敷、関東平野周辺の山々と富士山麓付近までを対象範囲としました。その多様な環境で見られる生きものについて、特に花、昆虫、野鳥、哺乳類からいくつかのきらめく生きものを紹介します。中には簡単に出会えない種もありますが、このような生きものが棲んでいることを想像して楽しんでいただければと願っています。

# ✦ きらめく花について ✦

## 花のきらめき

　　花は、きらめくものが多くあります。白や黄色、赤や紫など色が様々で、模様があったり濃淡が変化したりと、色だけで美しく感じられます。さらに形も上向き、横向き、下向きなど変化があり、中にはどうしてこの形になったのかと思うほど不思議なものもあります。これらの多様な色や姿で、見る人を楽しませてくれます。

## 花とは（花の色や咲き方）

　　それでは花とはなんでしょうか？花は子孫を残すための生殖器官で、雄しべの葯にある花粉が雌しべに移動し精細胞が卵細胞と結合して種子ができます。その花粉の移動は風などによる場合もありますが、昆虫や野鳥などの身体についていくものもあります。風で運んでもらう花の色は派手ではありませんが、昆虫などに運んでもらう花は目立つように様々な色や模様になります。その花の花粉をよく運んでくれる昆虫などの活動時期に咲き、昆虫などの好みや能力に合わせて様々な色や形をしているのです。このように、花がきらめくのは昆虫などに対して目立つためです。

### ①花の色

　　花の色は、来てもらいたい昆虫などの好みの色になっています。例えばハエ、アブ、小形のハチなどは赤系の色が認識できず、白や黄色などが好きで花にはこの色が多くあります。アゲハチョウなどの蝶は赤や橙が見えるので、蝶に来てもらいたい花は赤系が多いです。青紫や赤紫の花は概ねもぐりこんだり、押し開いたりしないと入れない複雑な花の形をしており、主にそれができるハナバチ用となっています。また、昆虫は人が見えない紫外線も見えるので、紫外線でも蜜の在り処を示しています。

### ②花の形と送粉昆虫との関係

　　花の形は、どのような昆虫にも来てほしいというものと、送粉してもらいたい昆虫を選ぶようにできているものがあります。そのために花の方向には上向き、横向き、下向きと変化があり、形や蜜の場所もいろいろあります。

・上向きの花

　　キクの仲間のように上向きに咲き、上部が皿のように平らな花は蜜が露出するかわずかに隠されていて、昆虫が止まって蜜を吸いやすく、甲虫やハナアブなど様々な昆虫が訪れます。

・横向きの花

　　スミレの仲間のような横向きに咲き、蜜が短い筒の奥にある花は昆虫の口吻がやや長

くないと吸うことができず、ハナバチの仲間がもぐりこんで吸います。ツリフネソウのような花に太い筒部がある花も、ハナバチの仲間が入り込みます。ツツジのようなラッパ状で、雄しべと雌しべ花の中心から長く伸びている花には、飛びながら奥の蜜が吸えるアゲハチョウなどの蝶が訪れます。また、フジのように雄しべと雌しべが花被の中に隠されていて、上の花被が旗のように目立ち、その下の花被に昆虫が乗ると花被が開くものがあり、これもハナバチの仲間が入り込みます。

・下向きの花

　カタクリやイカリソウのように下向きに咲く花も、ホバリングしながら下から花に入り込めるハナバチの仲間がやってきます。

### ③咲く時期

　花が咲く時期は、基本的に昆虫が盛んに活動する時期に多く、気温が適度に高い初夏から秋が多くなります。しかし、まだ寒さが残る 3 ～ 4 月に咲く花もあります。この頃は木々が葉をつける前で林床は明るいので植物は日光をたくさん受けられます。昆虫の活動が少ない時期なので、比較的暖かい晴れた日のみに開くなどの工夫をしています。中にはこの頃に開花し、初夏には地上部は枯れてしまう「スプリング・エフェメラル」と呼ばれる種類もあります。盛夏の頃は、山地や高原では昆虫が活発に活動するため花の種類も多くなります。夏も終わり、昆虫の活動も減ってきた秋に咲くリンドウやセンブリの仲間なども、昆虫が活動する晴れた日にしか花を開かないようになっています。

## 関東付近の花

　関東付近の野山などでは、純粋な野生種もあれば園芸種が植えられたものや外国から入ってきた繁殖力が強い外来種も多くあります。本書では、自然の中での出会いを楽しむ野生種に焦点を当てており、野生種が比較的見られるのは山地や里山、自然度の高い公園や緑地などです。

　山地の森林では、春のスミレの仲間などから秋のリンドウなどまで様々な花が咲きます。しかし、ニホンジカが増えた影響で山によっては林床に植物がほとんどないところもあります。里山についても山地の森林同様に見られる種もありますが、山地に比べて外来種や園芸種が増えてきます。公園や緑地では、野生種よりも植えられた園芸種が目立ちますが、こんなところにと思う場所に野生種が咲いていることがあります。

# ハナネコノメ

　純白に赤が混ざる清楚な花。絨毯のように広がる緑の葉の上に、白地の釣鐘状の小さな花を咲かせ、その中に赤い葯がぽつぽつとある。山地の渓流沿いの岩場や林内の湿地に群生して生える。真っすぐに伸びる茎の先に、直径5mm程の花を2〜3個つけ、花弁のような純白で丸みのある4枚の萼が上を向いて開く。その内側に8つ、先端が紅色の丸い葯をつけた雄しべが目立つ。

　渓谷の水際の苔むした岩についていることが多く、土があまりない厳しい場所でも湿気が多い環境に助けられている。山間のせせらぎの水辺で、小さくきらめく可憐な花だ。

| 草丈 | 5〜10cm |
|---|---|
| 花期 | 3月〜4月 |
| 出現頻度 | 中程度 |

ひとくちメモ

水際の岩などに小さい白い花をつける

味わいのある赤紫色の花がきらめく
# カタクリ

　うつむいて咲く赤紫色の花。花びらが上にひっくり返り、その先がとんがっている姿が魅力的だ。スプリングエフェメラルの一種で、木々が葉をつける前の明るい時期に開花し、2ヵ月ほどで地上部は姿を消し、しばらくして地中の根は翌年の準備をする。最初に芽が出た年には花を咲かせず、7～8年かけて花を咲かせる。また、昆虫が飛ぶ晴れた日でないと花は開かず、10数度の暖かい日に満開になる。昆虫は下から雄しべや雌しべにぶら下がって吸蜜し、その時花粉が昆虫の身体に触れる。

　本来雪国の植物だが、関東付近でも丘陵や山の北斜面など涼しい場所にわずかに残っている。森の季節変化に対応して生き続けている可憐な花だ。

| 草丈 | 15～30cm |
|---|---|
| 花期 | 3月～4月 |
| 出現頻度 | 少ない |

ひとくち
メモ

林の中で群生して生えることが多い

あけぼの色がきらめくスミレ

# アケボノスミレ

スミレ科
曙菫

　あけぼの色の空のような花。朝焼けに見られる淡紅紫色の花を、地面から直接真っすぐ伸びた茎に横向きにつく。スミレの仲間の花は上2枚、横2枚、下1枚の合計5枚の花弁があり、後方に突き出ている距がある。距には蜜があり、虫に蜜のありかに導くように下の花弁に放射状の線が入っている。花弁や距の色や形は種によってそれぞれで、アケボノスミレは花弁がピンク系で先端に丸みがあり、距が短く丸くなっている。

　葉は花が咲いた時には巻くように丸まっていることが多く、花が終わった後にハート形に開く。尾根道などの明るくやや乾き気味の林内などに咲き、早春の山で温かさの到来を感じさせてくれる花だ。

| 草丈 | 5～15cm |
|---|---|
| 花期 | 4月～5月上旬 |
| 出現頻度 | 少ない |

明るい尾根道などの
道端にぽつんと咲く

鮮やかな茜色が美しい
# アカネスミレ

　紅紫色が鮮やかなスミレ。山地の日当りの良い場所に咲き、濃い紅紫色で側弁の基部の毛が目立つ。似ているヒナスミレは淡い紅紫色で、山地の林内の斜面などに見られる。花の真ん中が白っぽく、紅紫色の外側へのグラデーションが美しい。

　他にも春の野山や公園には紫色のタチツボスミレ、白色のマルバスミレ、白に紫の混じるアオイスミレ、淡いピンク色のエイザンスミレなど様々なスミレが咲く。国内で50種程、品種を区別すると220種程自生し、同じ花の構造だが色や形、葉の形や茎の伸び方などの違いがある。いろいろな場所で、様々な花の可憐さが楽しめる。

ヒナスミレ

| 草丈 | 5〜10cm |
| --- | --- |
| 花期 | 4月〜5月 |
| 出現頻度 | 中程度 |

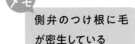
ひとくち
メモ

側弁のつけ根に毛が密生している

きらめくように群生する白い花
# ニリンソウ

キンポウゲ科
二輪草

　爽やかな白い花。よく沢沿いに咲き、一面の緑の葉の上に白い花が散りばめられ、真ん中に黄色い雌しべ、雄しべが目立つ。山野の林内や林縁の湿った場所に生え、種子だけでなく地下茎で増えて群生することが多い。花は2輪つくのが普通だが、1輪や3〜4輪もあり、同時に咲かないことが多い。一斉に咲くと悪天候などの場合はすべての花が受粉できないので、時間差をつけている。花は太陽の移動を追って向きを変え目立ち、蜜を出さないが昆虫が花粉を食べにやってくる。スプリング・エフェメラルの一種で、まだ寒く昆虫の活動が少ない春に繁殖しようと工夫をし、林の中できらめいている花だ。

| 草丈 | 15〜25cm |
|---|---|
| 花期 | 4月〜5月 |
| 出現頻度 | 多い |

ひとくち
メモ
稀に緑色の花があり
ミドリニリンソウと
呼ばれる

切れ込みのある花弁がきらめく

# イワウチワ

　花弁の縁がフリルのような花。直径2.5〜3cmの花で、透き通るような白色や淡いピンクの花弁が漏斗状に開き、その縁が細かく切れ込んでいて、5つの雄しべのクリーム色の葯が目立つ。花弁がつながっている合弁花なので、花後は漏斗状の花弁のまま、まとまって落ちる。葉は厚く光沢があり丸っぽい。その形がうちわに似ていて、岩場に生えるのでこの名前がついた。

　山地の林内や林縁に分布し、特に日当りが悪い北側斜面や岩稜帯などに見られる。過去から寒冷な場所で育ったので、今もこのような場所に限定されている。他の植物が生えないような山地の厳しい環境に可憐に咲く花。見られる場所が限られているだけに出会えると感激する。

| 草丈 | 5〜15cm |
|---|---|
| 花期 | 4月 |
| 出現頻度 | 少ない |

ひとくちメモ　足場が悪い岩稜帯などに咲くことが多く、注意が必要

13

丸く見える淡紅色の花がきらめく

# ショウジョウバカマ

シュロソウ科
猩々袴

　花束のように広がる淡紅色の花。茎の先端に一つ、小さな花が7〜10個重なるように開く。花被片は2〜3cmで6個あり、全体で丸い花に見え、目立つ。花の色は、淡紅色、紫色、白色などがある。葉は滑らかでやや広く、根元からロゼット状に広がる。

　林野の湿った所や山地の谷沿い、亜高山や高山の湿地などに生息し、日本海側に多いが北関東などでも見られる。雌性先熟で、開花したばかりはわずかに開いた花の先から柱頭が突き出ていて、完全に花が開いてから雄しべの葯が開く。また、花粉媒介だけでなく、地面に接している葉の先端から新しい芽を出して子株をつくる方法も持っている。このように2つの繁殖方法で子孫を残すたくましい植物が、早春の里や山に丸くきらめいている。

| 草丈 | 10〜30cm |
|---|---|
| 花期 | 3月〜5月 |
| 出現頻度 | 中程度 |

ひとくち
メモ

親株の周囲に子株が並んで咲いていることがある

透き通るような青紫の花

# ヤマエンゴサク

ケシ科
山延胡索

　爽やかな色の細長い花。透き通るような薄い青紫色をし、花の先が唇状になっている。似ているジロボウエンゴサクは白色で花の先だけ紅紫をしている。

　どちらも山野の林縁や道端に生え、花は細長い唇形で、外側上下と内側左右に花弁があり、後方には蜜がある距が伸びている。昆虫が花に入ると内側の花弁を押し、中から雄しべ、雌しべが出てきて身体に接する。この隙間に入れる昆虫は限られ、虫を特定して受粉をより確かにしている。スプリングエフェメラルの一種で、地上部は春のみに見られる。複雑な形の花で生き続けている小さいながらきらめく花だ。

ジロボウエンゴサク

| 草丈 | 10〜20cm |
|---|---|
| 花期 | 4月〜5月 |
| 出現頻度 | 少ない |

ひとくちメモ　同じ仲間にムラサキケマンやミヤマキケマンなどがある

小さなハートの形がある花
# ヤマルリソウ

ムラサキ科
山瑠璃草

　小さな淡い青紫色の花。普通は淡い青紫だが、淡い紫から淡い紅色と個体差があり、咲き始めから色が変化してくものもある。落葉広葉樹林の林縁などの適度に湿った場所や崩れた場所に生育する。根元から長さ 12 ～ 15cm の葉を放射状に広げ、広く陽を受けている。

　花の真ん中に白い歯車のような輪があり、横から見るとハート形が 5 つ連なっている。これらを目印に昆虫が魅力を感じ寄ってきて、真ん中の穴を突っつくことで内部の雄しべと雌しべに触れ、花粉を媒介する。青紫の小さな花弁と白い飾りで昆虫を引き寄せ、生き続けている花だ。

| 草丈 | 7～20cm |
|---|---|
| 花期 | 4月～5月 |
| 出現頻度 | 中程度 |

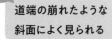

ひとくち
メモ

道端の崩れたような
斜面によく見られる

# イカリソウ

メギ科
錨草

　イカリのような形が面白い。細い茎から下向きに筒型の花が垂れ下がり、四方に距と呼ばれる長細い突起が出ている。花弁は淡紫色または白色で、中央部は淡紫色になっていて花弁の先端が白くなっていることも多い。

　距の中には蜜があり、昆虫が蜜にありつくには花の下から入り込み、雄しべ、雌しべの隙間を通り抜けて細い距を舐めないといけない。これができるのはマルハナバチの仲間くらいで、昆虫を限定して受粉の可能性を高めている。茎の成分には薬効があり、強壮、強精作用などがある。花と虫との長い間のやりとりで、確実に受粉できるように進化をした結果がこのイカリのような形なのだろう。不思議な形と淡い色い合いできらめく花だ。

| 草丈 | 20〜40cm |
|------|---------|
| 花期 | 4月〜5月 |
| 出現頻度 | 中程度 |

ひとくち
メモ

特徴的な花の形をし、
道端で目立つ

山の中で薄紅色の丸い花がきらめく

# ベニバナヤマシャクヤク

ボタン科
紅花山芍薬

　薄紅色の丸い花が上向きに咲く。立ち上がった茎の先端に一輪、5〜7枚程のやや光沢がありふんわり曲がった薄紅色に紅色の花脈が並び、花弁の端は波状になっている。同じ仲間に花弁が白色のヤマシャクヤクがある。

　山地の落葉広葉樹林などに生え、開花期間は3日程度と極端に短く、すぐに花弁を落とす。その間に昆虫を引き寄せて、花粉を運んでもらう。花が咲くまで5年程かかるので、長い期間環境が保たれている必要があり、近年の環境変化や園芸採取によって希少種となっている。わずかな株が短い期間、美しい花をきらめかせている。

ヤマシャクヤク

| 草丈 | 30〜50cm |
|---|---|
| 花期 | 4月〜6月 |
| 出現頻度 | 稀 |

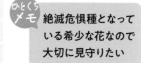
ひとくち
メモ
絶滅危惧種となっている希少な花なので大切に見守りたい

林の中で鮮やかな黄色がきらめく

# キンラン

　鮮やかな黄色の花がきらめく。春の山地や丘陵の林の中に真っ直ぐ立ち、一つの茎に3〜12個の花をつける。花被片は6枚あり、真ん中に赤い線のある唇弁があり、この筋模様は昆虫に対してこの奥に蜜があるという目印となっている。同じような場所に、白く清楚な花のギンランやササバギンランも咲く。同じ仲間の花で、6枚の白い花被片が折り重ねるようにしてほっそりと半開きに咲く。どちらも根は菌根を形成し、樹木の根に共生する菌根菌から栄養を摂取し生きている。自分で光合成をして栄養を得ているだけでなく森の樹木にも助けられ、爽やかな花を咲かせる植物だ。

ササバギンラン

| 草丈 | 30〜70cm |
| --- | --- |
| 花期 | 4月〜6月 |
| 出現頻度 | 少ない |

ひとくち
メモ
自然度の高い公園でも自生していることがある

袋のような花弁が不思議な花

# クマガイソウ

ラン科
熊谷草

　白い袋がぶら下がる。大きな扇形の葉を2枚広げてその真ん中に不思議な形の花をつける。花は、他のランの仲間の共通的な形態として1枚の唇弁、2枚の側花弁、3枚の萼片からなり、特に白に紅紫色の模様がある唇弁が袋状で、左右が膨らんで真ん中に口がある。

　主な花粉媒介者はマルハナバチで、目立つ花に引き寄せられ、中に蜜があると思って穴から入り込むが、入口は返しがあり戻れなくなっている。中には蜜はなく、奥に生えている毛を足掛かりとして雄しべ、柱頭のあるずい柱の横の狭いすき間に導かれ、出口を出る。この時に、花粉塊が付着して運ばれる。花の形だけでなく花粉媒介の仕組みも不思議な花だ。

| 草丈 | 20〜40cm |
|---|---|
| 花期 | 4月〜5月 |
| 出現頻度 | 稀 |

ひとくち
メモ

園芸採取などによって絶滅危惧種となり自生する場所は稀

# サイハイラン

ラン科
采配蘭

　華やかに連なる花。すーっと真っ直ぐ伸びた茎に、上下に並んでたくさんの花をつける。林内の木陰などに咲き、一本の茎にやや下向きに広がる細長い形の花をたくさんつけ、花の色も淡緑色から濃い紅紫色まで変化が大きい。唇弁が3つに裂け、その上に白いずい柱がやや突き出ている。

　同じランの仲間のエビネも、茎からほぼ横向きに花を開き、萼片と側花弁は褐色に緑が混ざり、唇弁が白や淡紅色などで唇弁は3つに裂けていて、複雑な形をしている。他にもランの仲間は、様々な形で昆虫や人を魅了する。どれも数は少ないが、それだけに出会うと感動する花だ。

エビネ

| 草丈 | 30～50cm |
|------|----------|
| 花期 | 5月～6月 |
| 出現頻度 | 少ない |

ひとくち
メモ

花は下向きに閉じて
いることが多い

樹木の幹できらめいて咲く

# セッコク

ラン科
石斛

　樹木の表面に華やかに咲く花。セッコクは、樹上や岩に多数の根を出して着生し、白から淡紅色の花を重なるように多数咲かせる。同じようにカヤランは、木の枝に垂れ下がって薄い黄色の花被片を広げ、下向きに咲く。湿度の高い苔むした木の枝が土の代わりになって、根を伸ばして付着している。

　どちらも着生ランと呼ばれ、花の真ん中に唇弁があるラン特有の花の形で樹皮や岩に着生して生きている。土のない厳しい環境に適応し、栄養分や水分を蓄えられるよう茎や根が発達し、葉も厚くなっている。土がなくてもしっかりと生き続け美しい花を咲かせるたくましい植物だ。

カヤラン

| 草丈 | 10〜30cm |
|---|---|
| 花期 | 5月〜6月 |
| 出現頻度 | 中程度 |

ひとくちメモ

苔むしたような大木や老木についていることが多い

# ベニシュスラン

ラン科
紅繻子蘭

　細長い淡紅色の花。ほのかな淡紅色が先にいくほど薄くなるグラデーションが美しい。常緑樹林の下に生え、高さが4〜10cmと小さい株に長さ3cm程の筒状の花を1〜4個つけ、全体の割に花が大きい。こうして昆虫に対して目立っている。ランの仲間なので6枚の花被片があるが、背萼片と側花弁がくっついていて側萼片と唇弁とで4枚に見える。細長い花で、ここに入り込める昆虫は限られており、虫を特定することで受粉可能性を高めている。葉は広卵形で、白い網目模様がある。

　環境変化や園芸採取もあり、多くの都府県で絶滅危惧に瀕している。姿を見ることは少ないが、このような小さく美しい花が森の中できらめいている。

| 草丈 | 4〜10cm |
|---|---|
| 花期 | 7月〜8月 |
| 出現頻度 | 稀 |

ひとくちメモ 本種のようにランの仲間には希少種が多く、大切に見守りたい

星のようにきらめく花

# イナモリソウ

アカネ科
稲森草

　白と薄紅色の花弁がきらめく。放射状に広がる5つの花弁の縁がフリルのように波打っていて淡い紅色をしている。近縁の花で花弁が細く、星のように咲くホシザキイナモリソウも同じように白と薄紅色で美しい。どちらも山地の道沿いなどに生え、高さは低い。葉は対生し、上の二対が接近し四輪生に見える。

　花冠は正面から見ると平面的だが、横から見ると長いロート状である。この花は、雌しべが長い長花柱花と短い短花柱花の2タイプがあり、長さの違いで同じ花の受粉を防いでいる。数は少ないが、森の中でポツンとこの気品ある花が咲く光景を見ると爽やかに感じる。

ホシザキイナモリソウ

| 草丈 | 3〜10cm |
|---|---|
| 花期 | 5月〜6月 |
| 出現頻度 | 少ない |

ひとくち
メモ

山地の道端などで
木陰に見られる

# 下向きに広がるドレスのような花
# ヤマオダマキ

　下向きの不思議な形の花。山地の草地や林縁などに生える。外側に紫褐色の萼片が5枚あり、その内側に黄色く筒状となった5枚の花弁がある。花弁の上部が距となって上に突き出て、やや内側へ湾曲し先端が球状となっている。近縁のキバナノヤマオダマキは萼片が黄色。

　距の奥に蜜があり、蜜にありつけるのは下向きの花に止まれ口が長いハナバチだけで、虫を限定し受粉しやすくしている。同花受粉を避けるよう雄しべが先に熟し、遅れて雌しべが伸びてくる。また、動物に食べられないように有毒である。このような仕組みで生き続ける華麗な花だ。

キバナノヤマオダマキ

| 草丈 | 30～60cm |
|---|---|
| 花期 | 6月～8月 |
| 出現頻度 | 少ない |

ひとくちメモ

茎が真っすぐ立ち、草丈が高く見つけやすい

暗い谷に星のようにきらめく花
# イワタバコ

イワタバコ科
岩煙草

　暗い谷間に星の形の花を咲かせる。陽があまり入らない深い谷の湿った岩壁に張りつき、うつむくように淡い紫色の花をつける。花の色は中心部分が濃く、端に行くほど薄くなっており、真ん中に糸状の花柱が飛び出していて面白い。葉は長さ 10 〜 30cm と大きく、楕円状倒卵型でしわと表面につやがあり、タバコの葉に似ているのでこの名前になった。

　土のない岩に常時張り付いているので「着生植物」とも言われ、短い茎が根茎状でひげ根を出して岩に固着している。他の植物が生えない薄暗い場所でも大きな葉を開いて少ない光を得て生きている、きらめく花の植物だ。

| 草丈 | 10〜30cm |
|---|---|
| 花期 | 7月〜8月 |
| 出現頻度 | 少ない |

ひとくちメモ　岩に張りつく大きな葉で見つかることがある

草原にきらめく黄色い花
# ニッコウキスゲ

　鮮やかなレモンイエローの大きな花。山地の草原で、長さ7～8cmのラッパ状の花を他の草より高く咲かせ、よく目立つ。花茎の先端に3～10個のつぼみをつけて1つずつ開き、朝に開花して夕方にしぼんでしまう一日花である。

　ゼンテイカとも呼ばれ、地域によって違った性質の種があり、夕方から翌日午前中まで咲くユウスゲなどがある。花粉を媒介するのはアゲハチョウの仲間で、蜜を吸う時に長い雄しべや雌しべに翅がちょうど触れるようになっている。草原できらめく花を咲かせてチョウを引き寄せ、子孫につないでいる爽やかな植物だ。

| 草丈 | 50～80cm |
|---|---|
| 花期 | 7月～8月 |
| 出現頻度 | 中程度 |

ひとくちメモ

関東には低地型のムサシノキスゲが咲く場所がある

噴水のような形がきらめく

# ヤマホトトギス

ユリ科
山杜鵑草

　奇妙な形の花。反り返った花被片の真ん中から花柱のようなものが上に伸び、その先が噴水のように分かれて垂れ下がっている。山野の林下や林縁などに咲き、近縁に花弁の反り返りが少ないヤマジノホトトギスや、花が黄色いタマガワホトトギスなどがある。

　この花の蜜腺は花被片の基部にあり、蜜を求めてきた虫は花被片の上を歩き回り、垂れ下がった雄しべ、雌しべが虫の背中に触れる。また、同花受粉を避けるため雄性先熟で、最初は雄しべの葯が花柱より下にあり花粉をつけ、その後、雌しべの柱頭が下がり受粉する。奇妙な形の花だが、このような工夫された花を生み出す自然も不思議だ。

タマガワホトトギス

| 草丈 | 30~70cm |
|------|---------|
| 花期 | 7月~9月 |
| 出現頻度 | 多い |

ひとくちメモ　道端に特徴ある花を咲かせるので見つけやすい

## 風鈴のような味わいある花
# レンゲショウマ

　傘をかぶり風鈴のように咲く花。真夏の落葉広葉樹林の日陰に40cm以上のカーブした茎を伸ばし、ポツンポツンとぶら下げるようにいくつかの花をつける。蕾は丸く開いた花は花径が3〜4cmほどで、平たい淡紫色の花弁状の萼の下、多数の花弁が重なって壺状になり先端が紫色をしている。花弁の基部に蜜があり、蜜を吸えるのは下向きにも止まれるマルハナバチの仲間で、花の形で虫を選び受粉をより確実にしている。日本だけに咲く固有種。

　豊かな山の森の象徴するような美しい花だが、生息地の環境悪化や園芸採取などで自生地は少なくなっている。それだけに出会えると感激する花だ。

| 草丈 | 40〜100cm |
|---|---|
| 花期 | 7月〜9月上旬 |
| 出現頻度 | 稀 |

ひとくち
メモ

東京付近の山では8
月中から下旬が見頃

星型の純白の花がきらめく

# センブリ

リンドウ科
千振

　星型にきらめく白い花。紫の線がある純白の花弁で、真ん中あたりが緑色となっている。同じ仲間に花の色が薄紫色のムラサキセンブリがある。

　日当りの良い山野の草地や林縁に咲き、芽が出た翌年の秋に花を咲かせ、昆虫がよく活動する晴天の時にしか開かない。花弁の基部には蜜を出す蜜腺溝がありその周りには毛が生えていて、昆虫にすぐ蜜を吸わせず動き回らせて雄しべや雌しべに触れさせている。苦味がある草で、昆虫などに食べられにくく、また人には健胃薬になる。このように昆虫との関係をうまく保って生きている輝くような花だ。

ムラサキセンブリ

| 草丈 | 5～20cm |
|---|---|
| 花期 | 9月～11月 |
| 出現頻度 | 中程度 |

ひとくちメモ

晴れた日に開く2cm
ほどの小さな花

# 秋の林を紫色で彩る花
# リンドウ

　細長い筒状の花。美しい紫や青色と白色のグラデーションで、5つの花弁が外側に反り返り上から星型に見える。他の花が少ない晩秋に彩りを見せてくれる。リンドウの仲間には春に地面近くに咲くフデリンドウや高原や高山に咲く種もあり、多様である。

　花の中には最初は雌しべを隠して雄しべが中央にあり、後で雌しべが現れ、オスからメスへと性転換し同花受粉を避けている。蜜は花の奥にあり、筒の中に入り蜜を吸える昆虫はマルハナバチなどに限られていて、昆虫を特定化することで受粉の可能性を高めている。また、花は昆虫がよく活動する晴れた時に開き、陰ると閉じる。晩秋のやや寒くなった時期に昆虫と良い関係をつくり生き続けている華麗な花だ。

| 草丈 | 20〜80cm |
|---|---|
| 花期 | 9月〜11月 |
| 出現頻度 | 多い |

**ひとくちメモ**

夕方や曇っていると
花は閉じている

31

# ✦ きらめく昆虫について ✦

## 昆虫のきらめき

　昆虫は、色鮮やかにきらめく種が多くあります。日本には3万種以上の昆虫が棲むと言われ、中には蝶やトンボ、甲虫などのように翅や身体が黄色や橙、赤、緑、青などカラフルな種がいます。また、ミドリシジミの仲間のように色鮮やかに光り輝く種もあります。姿についても、シジミチョウの仲間などのように身体の割に眼が大きく、触覚の先が丸く、尾の突起があるなど愛らしく見えるものもいます。これら昆虫は飛ぶので、その様子を見るのも面白いです。蝶の場合、一直線に飛ぶものは少なくふわふわと飛んだり、グライダーのように滑空したりといろいろです。トンボは、行ったり来たりするものやホバリングして空中に浮かんでいるようなものもいます。甲虫は、上にある翅は硬くなっていてそれを広げ、下にある後翅のみを羽ばたいて飛び、身体を縦にしてゆっくり飛びます。このような様々な動作を見るのも楽しく感じます。

## 昆虫とは（昆虫の姿や生き方）

　昆虫は、我々哺乳類や鳥類とまったく異なった身体の構造や仕組みを持っています。

### ①形態的な特徴

　昆虫の共通の特徴として、身体は頭・胸・腹の3つの部分に分かれています。そして、通常胸に3対の足と2対の翅を持ち、頭に1対の触角と複眼を持つものが多いです。そして昆虫は哺乳類や野鳥とは違い、背骨などの骨がなくクチクラという固い皮膚で身体が守られているのも特徴です。

### ②色の多様さ

　蝶の翅やトンボの身体がカラフルな色が多いのは、昼間に活動することに関係しています。蝶と蛾はよく比較されますが、主に夜に活動する蛾とは違い蝶は明るい時に活動するため、視覚を頼りに行動しています。蜜を吸う花も色で探し、繁殖の相手を探したり、縄張りを主張したりするのも色や模様によっています。また、天敵に目立たない保護色の場合もあります。トンボも同様で、このように昆虫の美しい色や模様は人のためではなく、繁殖の相手探しのためや天敵に食べられないためのものです。

### ③輝く翅や身体

　蝶の翅は鱗粉と呼ばれる鱗状のもので覆われています。この鱗粉が多層の膜となって光を複雑に反射して干渉することで光り輝き、見る角度によって違う色合いになることがあります。例えば、ミドリシジミの仲間の一部が青緑色などに光輝く翅をしていて、「構造色」と呼ばれています。また、ヤマトタマムシも構造色で輝き、こちらは透明な層が表面に何枚も重なることによって生み出されています。

### ④完全変態と不完全変態

蝶や甲虫は卵、幼虫、蛹を経て成虫になります。これは「完全変態」と呼ばれ、幼虫と成虫はまったく姿が異なります。成虫は繁殖のための姿で、繁殖相手を探すために様々な色や模様となります。トンボは、蛹を経ないでヤゴから脱皮して、成虫になります。これを「不完全変態」といいます。どちらも幼虫は餌のある狭い範囲で過ごして成長し、成虫になると広く飛び回って繁殖相手を探すという仕組みとなっています。

### ⑤変温動物

昆虫は、哺乳類や野鳥とは違い変温動物で自分で体温を保つことができず、外気温により体温が影響を受ける動物です。そのため、寒い日は活動できず、また時には日光で身体を温めてから飛ぶ行動を取ります。そして冬は気温が低下して活動できなくなるので、何等かの形態で冬を越します。種によって異なりますが蛹、卵、幼虫や成虫のままじっとしていることがあります。

## 関東付近の昆虫

森林や田園のある里山、公園や緑地、また、川や山・公園にある水辺などに応じて様々な昆虫が見られます。この本で紹介する昆虫については、概ね次のように見られます。

### ①山地などの森林

森の樹木で育まれる多くの昆虫が棲みます。例えば、ミヤマカラスアゲハなどの山地性のアゲハや山地性のミドリシジミの仲間、ヒョウモンチョウの仲間、アサギマダラ、水辺にカワトンボなどのトンボの仲間、樹木の周りにカミキリムシの仲間などが棲んでいます。

### ②里山、農耕地

林の樹木や草などに育まれる多くの昆虫が棲みます。例えばキアゲハなどアゲハの仲間、雑木林にはオオムラサキなど、地面にハンミョウなど、枯れ木にカミキリムシの仲間など、水辺には様々なトンボが棲んでいます。

### ③公園・緑地

都市内の公園でも、様々な昆虫がやってきます。例えば、アオスジアゲハなどのアゲハの仲間、ルリタテハ、様々なシジミチョウの仲間など、池があればトンボの仲間も見られます。

春の女神と呼ばれるきらめく蝶

# ギフチョウ

アゲハチョウ科
岐阜蝶

　華麗なドレスをまとったような蝶。「春の女神」とも呼ばれている。クリーム色と黒のシマ模様に、赤や橙、青の斑がある。派手な模様だが、草が枯れた地面の上では目立たず保護色になっている。日本にのみ生息する固有種。

　山間の落葉広葉樹の森や雑木林に棲み、早春に現れ、咲き出したカタクリやスミレ類、サクラなどの花に吸蜜にやってくる。短い間に食草のカンアオイ類などに卵を産む。幼虫は食草を食べ成長し、落ち葉の間などで蛹になって冬を越し、早春に羽化する。

　環境変化によって生息場所が減り、特に関東近郊では一部に限られている。棲む場所も活動期間もわずかだが、この女神のような蝶に会えると感激する。

| 体長（前翅長） | 30〜35mm |
| 観察時期 | 4月 |
| 出現頻度 | 稀 |

ひとくちメモ　絶滅が心配されている蝶なので大切に見守りたい

# シルクのような翅がきらめく
# ウスバシロチョウ

アゲハチョウ科
薄翅白蝶

　シルクのような半透明の翅。黒い筋がある透明がかった翅(はね)でふわふわと飛ぶ。その姿は空を舞う和紙のようでもある。平地から山地の林縁や草地などに生息し、開けた草原などをのびやかに飛び、よく花に止まって蜜を吸う。

　5月頃のみ成虫が現れ、繁殖活動をして卵を産み、卵のまま越冬する。翌春に幼虫になり、食草のムラサキケマンやヤマエンゴサクなどを食べて育ち、マユを作ってその中で蛹となる。食草のムラサキケマンなどは有毒のため、それを食べたウスバシロチョウにも毒がある。そのため、天敵に食べられる心配が少ないのでゆっくりと飛ぶ。春の麗らかな青空の下、花咲く野原で、このシルクのような蝶が花と触れ合う光景は春のきらめきのようだ。

| 体長（前翅長） | 26〜38mm |
|---|---|
| 観察時期 | 4月〜5月 |
| 出現頻度 | 中程度 |

ひとくちメモ

ゆるやかに飛びよく
白い花で吸蜜する

35

優雅に舞う白っぽいアゲハチョウ

# ジャコウアゲハ

アゲハチョウ科
麝香揚翅

　白っぽい翅で優雅に飛ぶ蝶。メスの翅は黄色がかった白色で、オスは黒色。ともに翅が細長く、尾状突起も長い。後翅の縁は黒色に赤い斑点があり、身体にも赤色がある。オスは香水にも使われる麝香（じゃこう）のような甘い香りがする。

　食草のウマノスズクサ類が生える森林や草原、河川などに見られ、低い場所を緩やかに飛んで各種の花に訪れ、メスは食草を探す。関東付近では春から年3回発生し、冬は蛹で越冬する。ウマノスズクサ類には毒が含まれ、それを食べたこの蝶にも毒がある。そのため天敵の鳥に食べられる心配が少ないので、ゆっくりと飛ぶ。特定の植物を食べ育ち、その毒に守られて優雅に舞う蝶だ。

| 体長（前翅長） | 45〜65mm |
|---|---|
| 観察時期 | 4月〜9月 |
| 出現頻度 | 中程度 |

地上近くをふわふわとゆっくり飛ぶ

青緑色をきらめかせて飛ぶ
# ミヤマカラスアゲハ

　青緑色の輝きがひらひらと舞う。翅は、光を浴びてエメラルドのようにきらめく。低山から山地の樹林帯に生息し、日中ゆるやかに飛び、様々な花に訪れ、よく地上で吸水をしている。

　翅の表は黒色に青緑色の鱗粉が広がっていて、光の方向によって色や輝きが変わる。裏は黒色で、外側に黄白色の帯がある。

　通常、年2回春と夏に発生し、夏に産まれた卵の幼虫は蛹となって越冬し、翌春に成虫になる。食樹は、カラスザンショウなどミカン科の木。この蝶の輝く舞いが見られるのは、食樹のある豊かな森で命をつないでいるからである。

| 体長（前翅長） | 38～75mm |
|---|---|
| 観察時期 | 5月～8月 |
| 出現頻度 | 中程度 |

ひとくち メモ

似ているカラスアゲハは後翅裏面の黄白色帯がない

青緑の帯が鮮やかにきらめく

# アオスジアゲハ

アゲハチョウ科
青条揚翅

　ステンドグラスのように輝く青緑色の翅。黒い翅に透き通るような青緑色の帯があり、爽やかに見える。よく花にやってきて次から次へと花を渡り、翅をはばたかせながら蜜を吸い、青緑色を輝かせながら華麗に舞う。

　平地から低山の樹林、市街地の公園や街路樹付近などに見られる。5〜9月頃まで年3回程度成虫が出現し、クスノキやシロダモなどのクスノキ科の食樹に卵を産む。幼虫は食樹の葉を食べて成長し蛹となり、冬には蛹で越冬する。このように身近な樹木にも育まれ、身近な場所で見られる。暑い日中に、公園や街中で透明感のある青緑を見せて飛ぶ姿に出会うと、涼しい森にでも入ったように感じる。

| 体長（前翅長） | 32〜45mm |
| --- | --- |
| 観察時期 | 5月〜10月 |
| 出現頻度 | 多い |

 ひとくちメモ　食樹のクスノキが街路樹にもあり、街中でも見かける

翅を開くと橙色がきらめく蝶

# ウラギンシジミ

シジミチョウ科
裏銀小灰

　オレンジの模様が目を引く。閉じた翅は銀白色で、広げるとオスは橙赤色、メスは白色の斑紋がある。平地から低山の樹林や公園などで春から年2〜3回発生し、葉や地面の上でよく見られる。冬は成虫のまま葉の裏などで越冬し、暖かくなると飛び出す。

　幼虫は野山に繁茂するクズ、フジなどの蕾や花を食べる。体色が葉や茎と似た緑や花に似たピンク色になり、天敵に見つかりにくい。また、身体を刺激すると尾部にある突起から花火のようなブラシ状の部分を出し入れし、天敵を錯乱させて身を守る。小さな幼虫だが、驚くような方法で生き抜いている。

| 体長（前翅長） | 19〜27mm |
|---|---|
| 観察時期 | 3月〜11月 |
| 出現頻度 | 多い |

ひとくちメモ　食草のクズやフジが多いので、この蝶もよく見られる

青や緑にきらめく森の宝石
# ミドリシジミ

シジミチョウ科<br>緑小灰

　コバルトブルーに輝く蝶。ゼフィルスの仲間、ミドリシジミ、オオミドリシジミなどのオスは青や緑の翅を葉の上で輝かせ縄張りを主張する性質があり、美しさから「森の宝石」と言われている。

　ミドリシジミは、食樹のハンノキのある低地の湿地に見られ、初夏に卵を食樹に産みつける。オオミドリシジミは平地から山地の森林に棲み、食樹はコナラやミズナラなど。どちらも卵で越冬し、4、5月の芽が膨らむ時期に孵化し、幼虫は柔らかい若葉を食べて育つ。葉が硬くなる5月下旬頃に蛹となり、1ヵ月弱で成虫になる。このように樹木の成長に合わせて命をつないでいる輝く蝶だ。

オオミドリシジミ

| 体長（開長） | 16～23mm |
| --- | --- |
| 観察時期 | 6月～7月 |
| 出現頻度 | 中程度 |

ひとくちメモ
夕方によく飛び交うが、午前中に下草にいることもある

金緑色に光り輝く森の蝶
# アイノミドリシジミ

　鮮やかに輝く青緑色の翅。ゼフィルスの一種のアイノミドリシジミも、オスの翅の表面は輝く金緑色や青緑色で見る角度によって色や輝きが違う。メスの表面は、全体が暗褐色。裏面はオスメスとも暗褐色で、淡灰色の帯がある。山地の食樹のミズナラなどが生える落葉広葉樹林に生息し、オスは樹の上を活発に飛び回り張り出した枝に止まり、翅を開いて占有行動を取る。

　山地のブナが混じる落葉広葉樹林には、フジミドリシジミが棲む。オスの翅の表面は金属光沢のある淡青色で、メスの表面は全体が暗褐色。他も含めて 12 種程のゼフィルスが、森の中で青や緑色にきらめいている。

フジミドリシジミ

| 体長（開長） | 15～21mm |
|---|---|
| 観察時期 | 6月～8月 |
| 出現頻度 | 少ない |

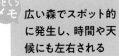
ひとくち
メモ
広い森でスポット的に発生し、時間や天候にも左右される

41

鮮やかなオレンジ模様がきらめく
# ウラナミアカシジミ

シジミチョウ科
裏波赤小灰

　オレンジ色が美しい蝶。橙色の地に細かい黒点が規則的に並ぶゼブラ模様。似ているアカシジミはこの黒点がない。複眼が縦長で大きく触角の先が丸く、尾状突起が目立ち可愛い姿をしている。平地から低山の雑木林などに生息し、特に食樹のクヌギ林を好み、クリの花などによく集まる。

　産卵は食樹の枝や芽の付近に行い、卵に枝の微毛などを塗りつけて目立たなくし隠す習性がある。中齢の幼虫は糸を吐いて葉を綴り合わせて巣をつくり、身を隠して葉を食べて成長する。このように木の部位を利用して天敵から逃れて成長し、きらめくオレンジ色になる蝶だ。

アカシジミ

| | |
|---|---|
| 体長（前翅長） | 16〜23mm |
| 観察時期 | 6月〜7月 |
| 出現頻度 | 中程度 |

ひとくち
メモ

本種を含めてクリの花にはたくさんの蝶が集まる

翅を開くと青紫色がきらめく

# ムラサキシジミ

　ハッとするような青紫色の翅。翅を閉じていると茶色で目立たないが、開くと青紫色が目に飛び込んでくる。平地から山地の森林や公園などに棲み、夏から秋と成虫で越冬した後の春に見られる。日当りの良い林縁によく見られ、夕方には木の周りを活発に飛ぶ。

　幼虫は主にアラカシ、スダジイなどの木の葉を食べ育ち、身を守るための奥の手がある。身体からアリを誘引する甘い物質を分泌し、それを食べたアリは幼虫の周りにとどまり、幼虫に危害を加えようとするものに対し攻撃をしてくれる。魅惑的な青紫色の蝶だが、生き方も神秘的だ。

| 体長（前翅長） | 14~22mm |
|---|---|
| 観察時期 | 3月~11月 |
| 出現頻度 | 多い |

ひとくちメモ

都市部の公園でも
時々見られる

波打つしま模様が美しい

# ウラナミシジミ

シジミチョウ科
裏波小灰

　淡い褐色が波打つような、しま模様の蝶。小さい頭部の割に眼が縦長に大きく、愛らしく見える。表側は青紫色。翅の後端には黒い斑点が2つあり、その間に尾状突起が突き出ていて、頭部に似ている。その部分を天敵が間違って食べ、助かることがあると言われる。

　移動性の高い蝶で、東日本では夏から秋に草原、河川、公園などで見られ、日中低い場所を活発に飛びよく草花で吸蜜している。幼虫はエンドウ、クズ、ハギ類などマメ科の植物を食べる。このような身近にもある植物で育ち、秋には多くの場所の花の上できらめく小さな蝶だ。

| 体長（前翅長） | 13〜18mm |
| 観察時期 | 7月〜11月 |
| 出現頻度 | 多い |

ひとくち
メモ
秋には草原や公園などいろいろな場所で見られる

瑠璃色の帯がきらめく
# ルリタテハ

　爽やかな瑠璃色の帯が目を引く。森林や公園などで見かけ、翅の表面はビロードのような光沢の紺色に青色の帯模様が入っている。裏面は灰褐色で樹皮や落ち葉に似た保護色になっている。少ない時期もあるが3〜11月に成虫を見ることができる。

　成虫は、関東付近では6月頃から年3回発生し、秋の成虫が越冬し早春に飛び始める。よくクヌギなどの樹液や腐った果実の水分を吸いに来る。オスは縄張り意識があり、見晴らしの良い葉や石の上などに止まり、他の蝶が来ると追い払う。幼虫の食草はサルトリイバラ、ホトトギス類、ユリ類など。早春から秋まで、山の中から公園まで、植物の恵みで力強く生きている瑠璃色の帯がきらめく蝶だ。

| 体長（前翅長） | 25〜44mm |
|---|---|
| 観察時期 | 3月〜11月 |
| 出現頻度 | 多い |

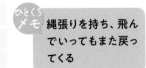
ひとくちメモ　縄張りを持ち、飛んでいってもまた戻ってくる

一見地味だが味わいのある模様が特徴

# スミナガシ

　濃淡のある青緑色が輝く蝶。一見地味な黒い蝶だが、翅の表面が青や緑色が混ざる独特の色をしていて、赤い口吻が目立つ。裏面は、暗褐色で白斑が目立つ。名前は、水中に墨を流して模様の変化を楽しむ「墨流し」に由来する。平地や山地の広葉樹林に生息し、渓流沿いに多い。通常年2回、関東付近では5月頃と8月頃に成虫が発生し、蛹で越冬する。

　飛翔は敏速で、日中樹液や動物の糞、腐った果実などに集まり、地面で吸水をよく行う。オスは夕方に山頂や尾根に集まり、占有行動を取る。食草はアワブキ、ヤマビワなど。近年、植林や各種開発で個体数が減っているが、良好な森林では今も見られる。あまり目立たないが、趣きのある渋い模様の蝶だ。

| 体長（前翅長） | 31～44mm |
| --- | --- |
| 観察時期 | 5月～8月 |
| 出現頻度 | 中程度 |

ひとくち
メモ

よく地面での吸水や
樹液を吸っている

青紫が美しい日本の国蝶

# オオムラサキ

　鮮やかな青紫色がきらめく。ほぼ全国の丘陵や低山の雑木林などで見られ、その華麗さから日本の国蝶に選ばれている。大型の蝶で、翅の表はオスが黒褐色の地に青紫色が目立ち、メスは茶色をしている。翅の裏はともに薄い黄色。

　6〜7月に成虫になり、広い林の高所を飛び、よくクヌギやコナラなどの樹液を吸いに来る。8月頃食樹のエノキなどに産卵し、一生を終える。幼虫は葉を食べ育ち、冬には地表の落ち葉に潜り込んで越冬し、春にまた食樹の若葉を食べ5月頃に蛹になる。このような食樹や樹液が出る木があり、落ち葉も残る豊かな林がこの青紫の蝶を育んでいる。

メス

| 体長（前翅長） | 43〜68mm |
|---|---|
| 観察時期 | 6月〜8月 |
| 出現頻度 | 少ない |

ひとくちメモ

クヌギやコナラの樹液によく来る

47

鮮やかなオレンジ色がきらめく

# ミドリヒョウモン

　鮮やかなオレンジ柄に黒い点が並ぶ。翅の表面が橙色と黒斑のヒョウ柄模様で、翅の裏面に緑色を帯びた筋がある。森林やその周辺に棲み、成虫は初夏に発生して冬は卵か幼虫で越冬し、春には幼虫がスミレ類を食草として育つ。

　ヒョウモンチョウの仲間は平地の公園から山地の森林や草原まで日本に14種ほど棲み、ほとんどが橙色と黒斑の模様をしており、細かな模様が少し異なる。例えば、山地に棲むクモガタヒョウモンは表面の黒斑がほぼ丸く、裏面に雲状のぼやけた模様がある。どの蝶もそれぞれの棲む環境や食草に育まれ、鮮やかなヒョウ柄模様できらめいている。

クモガタヒョウモン

| | |
|---|---|
| 体長（前翅長） | 35〜40mm |
| 観察時期 | 6月〜9月 |
| 出現頻度 | 中程度 |

ひとくちメモ

中型の蝶でよく花に
吸蜜に来て目立つ

48

透き通るような浅葱色がきらめく

# アサギマダラ

　ステンドグラスのように透き通る浅葱色の翅。高原や山地に生息し、よく道脇をふわふわと緩やかに飛び、また、よく花に止まって蜜を吸っている。渡りをする蝶で、冬の間は沖縄など南方に棲み、春に北上し、夏は本州の山地などで繁殖して秋には新しい世代が渡り鳥のように南方に渡る。小さな身体だが、海を越えて飛んでいくだけの強靭な胸の力がある。

　幼虫の食草はキジョランなどで、有毒成分が含まれるので食べたアサギマダラにも毒がある。ゆっくり飛ぶのもこの毒で天敵に襲われない安心感があるからだ。植物に助けられて優雅に飛ぶ、透き通るような浅葱色の蝶だ。

| 体長（前翅長） | 43〜65mm |
|---|---|
| 観察時期 | 4月〜10月 |
| 出現頻度 | 中程度 |

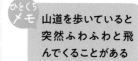

ひとくちメモ　山道を歩いていると突然ふわふわと飛んでくることがある

青緑色がきらめく小さな蝶
# アオバセセリ

　青緑色の翅がきらめく。翅を閉じて止まることが多く、青緑色に細く黒い線があり、下部に赤い斑がある。翅の表は、暗い青緑色で後翅に赤橙の斑がある。顔が小さい割に、眼が大きく可愛い。

　山地の森林の林縁や渓流沿いなどで、成虫は春、夏の年2回発生する。直線的に敏速に飛翔し、ウツギなどの花に訪れ、吸水や獣糞で吸汁も行う。

　幼虫の食草はアワブキ、ヤマビワなどで、葉を丸めて巣を作り、その中に潜んでいることが多い。蛹で越冬するが、天敵に目立たないよう巣を葉のつけ根から切り落とし、地上の落葉に隠れて蛹になる。このように幼虫は隠れるようにして育ち、青緑色がきらめく成虫になる。

| 体長（前翅長） | 23〜31mm |
| 観察時期 | 5月〜8月 |
| 出現頻度 | 少ない |

ウツギ類の花には本種を含め蝶が集まる

水辺で金緑色にきらめくトンボ

# アサヒナカワトンボ

カワトンボ科
朝比奈川蜻蛉

　メタリックグリーンに輝くトンボ。身体は金属光沢のある緑色で、成熟したオスの腹部は白く粉っぽくなる。翅の色は無色透明や褐色、橙色と変化があり、前後の翅が同じ形をして閉じていると一枚に見える。ミヤマカワトンボやニホンカワトンボなど他のカワトンボの仲間も金緑色に輝く。

　丘陵や山地の樹林に囲まれた渓流などに棲み、水辺を飛び回り、小型昆虫を捕食する。オスは、川面の石や植物に止まって縄張りを見張ることがある。産卵は水生植物などに行い、ヤゴで1～2年、水棲昆虫などを食べて過ごす。森からの清らかな水流が、この輝くトンボを育んでいる。

ミヤマカワトンボ

| 体長 | 42～66mm |
|---|---|
| 観察時期 | 4月～8月 |
| 出現頻度 | 中程度 |

ひとくちメモ

よく水辺の葉や石の
上に止まっている

明るい黄色がきらめくトンボ
# キイトトンボ

　鮮やかな黄色い細長いトンボ。オスメスともに全身が明るい黄色で、オスは成熟すると胸部が緑色になる。水面上や草むらの地面近くを細い身体で緩やかに飛び、黄色いつまようじが浮いているようにも見える。

　平地から低山地の抽水植物の繁茂する池沼や湿地に生息し、環境が良ければ都市公園などの池でも見られる。水辺近くの草むらで採食行動をし、ハエや小型のトンボなどの小昆虫を捕食する。成熟したオスは水草の間を飛びながらメスを探し、見つけると連結して交尾する。植物豊かな水辺で生きる、きらめく黄色の小さなトンボだ。

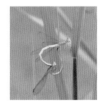

| | |
|---|---|
| 体長 | 31〜48mm |
| 観察時期 | 5月〜10月 |
| 出現頻度 | 少ない |

ひとくち
メモ　身体が細く、草と同じような黄色なので見つけにくい

52

全身が赤くきらめくトンボ
# ショウジョウトンボ

　身体全体が真っ赤なトンボ。腹は透き通るような赤色で、頭の額や複眼、胸、さらに脚まで赤い。翅は透明だが、身体に近い部分が赤っぽい。平地から丘陵地の抽水植物の多い池沼や水田、湿地などに棲む。オスメス共に羽化した当初は全身が橙黄色だが、オスは成熟すると全身が赤くなる。

　4月頃に羽化し、未成熟な時期は水辺を離れて過ごし、7月頃成熟すると水辺に戻り、オスは水面上を飛び回ってメスを探し、見つけると交尾する。オスが真っ赤になるのは、メスに対してアピールをするためやオス同士の縄張り争いのためのほか、暑い日差しに有利な色素になっているとの説もある。猛暑にも適応し、きらめく赤色になって生き続けているトンボだ。

| 体長 | 38~55mm |
|---|---|
| 観察時期 | 4月~10月 |
| 出現頻度 | 中程度 |

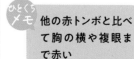
ひとくちメモ　他の赤トンボと比べて胸の横や複眼まで赤い

蝶のような広い翅がきらめく

# チョウトンボ

トンボ科
蝶蜻蛉

　広い翅がメタリックブルーに輝く。後の翅が幅広く、身体が細くて短い割に翅の面積が広く、蝶のようにひらひらと飛ぶ。翅の色はオスは青藍色に輝き、メスは青藍色や個体によって金緑色が混ざって輝く。見る角度によっても色合いが変わる。また、トンボの翅は透明なものが多いが、このトンボは蝶のように色がついている。

　平地から丘陵地にかけての水生植物の繁茂した池沼などで見られ、移動性が強く、都市公園の池でも見られる。成虫は夏頃に見られ、産卵し、卵で1～2週間過ごして幼虫となって越冬し、翌年の初夏に羽化する。夏の炎天下、美しい翅をちらつかせて舞うこのトンボを見ると、暑さを忘れてしまうようだ。

| | |
|---|---|
| 体長 | 31～42mm |
| 観察時期 | 6月～9月 |
| 出現頻度 | 中程度 |

ひとくち
メモ

身近な公園の池で
飛んでいることもある

赤、青、緑とカラフルにきらめく
# ハンミョウ

　光沢のあるカラフルな昆虫。赤色や青色に白い斑があり、頭は緑色をしている。光の加減によって輝きや色合いが変わる。ハンミョウの仲間のうち、ナミハンミョウがカラフルな模様である。

　平地や低山の林道や裸地、河原など開けた場所に生息し、真夏の炎天下でも活動する。肉食で地面を走っては止まり、張り出した複眼で獲物を探し、見つけると細長い肢で敏速に疾走し、鋭い大あごで捕まえる。人が近づくと先導しているように飛んで少し先に行くので「道教え」と呼ばれている。光沢の派手な模様は、強い日差しを反射するためや天敵の鳥に対しての防御のためなどといわれている。このように環境に適応してカラフルになった驚くような模様の虫だ。

| 体長 | 18〜20mm |
| --- | --- |
| 観察時期 | 4月〜10月 |
| 出現頻度 | 中程度 |

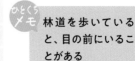

林道を歩いていると、目の前にいることがある

爽やかな水色がきらめく
# ルリボシカミキリ

カミキリムシ科
瑠璃星天牛

　爽やかなスカイブルーの昆虫。森の中で鮮やかな色合いに目を
奪われる。緑がかった水色に3対の黒斑が並ぶ身体で、触角も水
色で他のカミキリムシ類と同様に長く、体長の2倍程になる。

　平地から山地の広葉樹林に生息し、成虫は6月頃から出現して
樹液や花、果実に集まる。また、産卵のためにブナやクルミの仲
間の倒木などに飛来するので、枯れ木の上でも見かける。枯れ木
に卵を産み付けると1～2ヵ月位で死んでしまい、孵化した幼虫
は3年間木の中で過ごし、鋭いアゴで内部を食べる。枯れた木の
養分が幼虫の身体に移っているわけだ。古木もある多様な森がこ
の水色の昆虫を育み、植物と昆虫の間で命の循環が行われている。

| | |
|---|---|
| 体長 | 18～30mm |
| 観察時期 | 6月～8月 |
| 出現頻度 | 少ない |

枯れ木の上を動き回
っていることがある

木の上で玉虫色にきらめく
# ヤマトタマムシ

　虹色に光る緑色が美しい。光沢のある緑色に赤紫色の縦縞があり、見る角度や光の方向で青や金色などに変化する。この光の加減で変わる色は「玉虫色」と言われる。

　成虫は晴れた日中によく活動し、エノキやケヤキなどの樹冠を飛び回り、その葉を食べる。成虫の寿命は1～2ヵ月でその間に繁殖活動を行う。卵はエノキなど枯れ木の樹皮に産みつけられ、孵化した幼虫は幹の中で材を食べて成長し、2～3年で成虫となる。これは、枯れ木を食べることで木材を分解し、土に返していることになる。このように成虫は元気な木の葉を食べ、幼虫は古い木材を食べ、木のある豊かな森とともに生きている輝く緑色の昆虫だ。

| 体長 | 25～40mm |
|---|---|
| 観察時期 | 6月～8月 |
| 出現頻度 | 少ない |

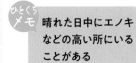
ひとくちメモ
晴れた日中にエノキなどの高い所にいることがある

# ✦ きらめく野鳥について ✦

## 野鳥のきらめき

　野生動物の中でも野鳥は特に人気があり、バードウォッチングと呼ばれる趣味として普及しています。色が美しい鳥、可愛らしい鳥、たくましい鳥、鳴き声が綺麗な鳥、餌を捕る姿が面白い鳥など様々な種類がいます。例えばルリビタキの爽やかな水色の鳥、キクイタダキのように目がクリっとして可愛い鳥、猛禽類のようにたくましい鳥、ミソサザイのように谷にこだまする美しい声の鳥など、日本にはきらめく鳥がたくさん棲んでいます。それらに出会うとワクワクし、また他の鳥も見たいという気持ちになります。

## 野鳥とは（野鳥の姿や生き方）

　鳥の最大の特徴は羽を持ち飛ぶこと。飛んで遠くに移動できることに関連して、次のような姿や行動の特徴があります。

### ①多様な色

　鳥は色が多様で青や黄色、橙などカラフルなものがいます。種によってはオスだけ目立つ色のものもあります。このカラフルな色は、鳥が空を飛び広い空間で活動するため、他の個体、オスはメスに目立つためと考えられています。また、カワセミの背中のように構造色といって、光沢があり輝くものもいます。

### ②鳴き声

　よく鳴くことも鳥の特徴です。特にさえずりは、ウグイスのように透き通った声や複雑な音の組み合わせで鳴き、爽やかに感じます。さえずりは主に繁殖期にオスがメスにアピールするためや、縄張りを主張するための鳴き声です。他にも「地鳴き」といい、警戒を伝えるためなど仲間とのコミュニケーションに使われる鳴き声があります。

### ③季節移動

　鳥は、体温を一定に保つことができるので寒い冬でも活動できますが、積雪などで季節や場所によっては餌が減るため、餌を求めて遠くへ移動することがあります。いわゆる渡り鳥で、東南アジアなど南方から初夏に日本に来る鳥を「夏鳥」といい、主に初夏に多く発生する昆虫を食べて繁殖します。また、シベリアなど北方から秋から冬に渡ってくる鳥は「冬鳥」と呼ばれ、森や草原、河原などに残る木の実や種子、小動物を食べ越冬します。一年中同じ場所にとどまっているものは「留鳥」と呼ばれ、また夏は繁殖のため高所で過ごし冬は低地で越冬するような鳥は「漂鳥」と呼ばれています。

### ④繁殖

　多くの鳥は、繁殖期になるとオスは縄張りを確保し、メスにさえずりや動作、プレゼントなどで求愛してパートナーを見つけ、巣作りをします。メスが卵

を産むと親鳥が卵を温め、雛が孵ると餌を与え少なくとも巣立ちまでは親が面倒を見ます。雛を育てるため多くの餌が必要なので、植物の葉が柔らかく餌の昆虫が多い春から初夏に繁殖する鳥が多くいます。

### ⑤食べ物と天敵

多くの鳥は季節や環境に応じ、様々な昆虫や両生類、爬虫類などの小動物のほか果実や種子を食べます。種によっては特定の獲物を餌にするものや、獲物の捕り方が特徴的なものもあります。例えば、キビタキなどはホバリングして飛ぶ虫を捕まえ、猛禽類のオオタカは小鳥など小動物を捕まえ、さらに大型のクマタカなどはノウサギなど中小型の哺乳動物も捕えます。また、キツツキの仲間は木を突っつき中の虫を引っ張り出し食べ、カワセミのように水に飛び込んで魚を捕える鳥もいます。

鳥は、植物の葉などを食べる昆虫を餌にするので、植物を守っています。さらに草木の実を食べて糞で種子を出すことで、種子の散布にも役立っています。

## 関東付近の野鳥

これらの野鳥は、関東付近でも平地から山地の森林、里山、河原や湖沼、都市の公園、農耕地、海岸、干潟など様々な場所に棲んでいます。

### ①里山や山地の森林

留鳥として棲むシジュウカラの仲間などのほか、初夏には夏鳥のオオルリなどがやってきて繁殖をします。この頃は多くの種が活動し、さえずりも多く聞こえます。

### ②平地の森林や公園

森林の留鳥が見られることがあるほかに、春や秋の渡りの時期には夏鳥のキビタキなどが途中に立ち寄ることがあります。冬から春は、冬鳥のジョウビタキやシメ、ベニマシコなどがやってきて、さらに夏に高所にいた漂鳥のルリビタキなども低地に降りてきます。

### ④河原や湖沼

カワセミやサギ、クイナの仲間などの水辺の鳥が棲み、水面にはカモの仲間が見られ、特に冬に多くなります。ヨシ原のある河原には夏にはオオヨシキリなど、冬にはチュウヒなど様々な鳥がやってきます。

### ⑤海岸や干潟

サギやカモなど水辺の鳥のほかシギやチドリ、カモメの仲間など海辺の鳥が見られます。干潟には春、秋のシギ・チドリの渡りの時期に、様々な鳥が立ち寄ります。

羽色もさえずりもきらめく青い鳥

# オオルリ

　声も姿も美しい青い鳥。オスの頭から背尾にかけて、青紫色の羽色はきらめくようで森の中で目立ち、この色が見えると爽やかな気分になる。喉は黒で腹は白く、メスの頭から背面が茶褐色。さえずりは「ピー、ピーピー、ピ」と透き通るようで、山の谷間に響き渡る。この美声で、日本三鳴鳥と言われている。

　4月頃日本に渡ってきて、繁殖期を渓流沿いなど山地の森で過ごす。オスは縄張りを持ち、木の枝でさえずり縄張りを主張する。餌は昆虫やクモ類。これら森の恵みで雛を育て9～10月頃に子ども含め南方に渡る。日本の豊かな森が美しい青い鳥の子孫をたくさん育んでいる。

| | |
|---|---|
| 全長 | 16cm |
| 観察時期 | 4月下旬～10月 |
| 出現頻度 | 中程度 |

ひとくち
メモ
よく渓谷沿いの高い木の上でさえずっている

鮮やかな橙黄色がきらめく鳥

# キビタキ

ヒタキ科
黄鶲

　森の中で黄色がきらめく鳥。オスの喉から胸は鮮やかな橙黄色
をし、背、羽は黒色で白い斑がある。メスは背が褐色で腹が白色。
4〜5月頃にやってくる渡り鳥で、平地から山地の広葉樹の多い
森で繁殖活動をする。雛を育てるため縄張りを持ち、樹木に巣を
作り木の葉の表面にいる昆虫やクモ類、空中を飛ぶ昆虫を捕まえ
る。春、秋の渡りの時期には公園などでも見られることがある。

　縄張りを主張するために「ピィシュリ、
ピィ、ピピリ」など複雑な音の組み合わせで
さえずる。関東付近でも山野の森や緑地で、
このさえずりが聞こえることがあり、たくさ
んの生き物が棲む豊かな森が残っている。

メス

| 全長 | 13〜14cm |
| --- | --- |
| 観察時期 | 4月下旬〜10月 |
| 出現頻度 | 中程度 |

ひとくち
メモ

近くの枝を点々と
移動してさえずる

渓谷にきらめく爽やかなさえずり

# ミソサザイ

ミソサザイ科<br>鷦鷯

　渓谷に響き渡るさえずり。「ピピピ　チュルチュル　チリリリ」と、透き通るようで心地よい。日本最小クラスの小さな鳥で地面のような茶色をしていて目立たないが、丸っぽい身体で短い尾を上に立て、大きく口を開けてさえずる姿が愛らしい。

　山地の谷沿いのやや暗い林に棲む留鳥で、一部は冬に平地にも降りてくる。一夫多妻で、オスはたくさんの妻を射止めようとなわばりにいくつかの巣をつくる。そして、なわばりを主張すると共にメスにアピールするため、あちこちを移動して声を響かせる。繁殖は樹木や餌となる昆虫などが多く、巣ができる岩や大木がある渓流沿いで行う。そのような山間の生き物豊かな環境が、この小さな鳥を育んでいる。

| | |
|---|---|
| 全長 | 10〜11cm |
| 観察時期 | 一年中 |
| 出現頻度 | 中程度 |

ひとくちメモ

沢沿いの木の枝や岩の上などでさえずる

エキゾチックな姿がきらめく
# サンコウチョウ

カササギヒタキ科
三光鳥

　尾が弓のように長い鳥。目の周りの輝くコバルトブルーも美しい。尾が長いのは繁殖期のオスで、身体を大きく見せ、他の鳥を追い払ったりメスから魅力的に見えたりするようだ。オスもメスも、眼の周りとくちばしが鮮やかな水色をしている。

　５月頃に渡来する渡り鳥で、平地から低山の針葉樹と広葉樹が混じる森で繁殖をする。「月日星ホイホイホイ」のように鳴き、３つの光が入るので三光鳥と呼ばれる。餌は昆虫やクモ類で、飛びながらでも捕らえる。オスメス共同で子育てをし、大型のトンボやチョウも含めて多くの餌を雛に与える。秋には長い尾も抜けて、南の国に渡っていく。たくさんの昆虫が棲む日本の豊かな森で子孫を育んでいる、美しい鳥だ。

| 全長 | 雄45cm、雌18cm |
|---|---|
| 観察時期 | ４月～10月 |
| 出現頻度 | 少ない |

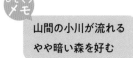

ひとくち
メモ

山間の小川が流れる
やや暗い森を好む

ゴマ塩頭に目が鋭い鳥

# カケス

カラス科
懸巣

　風変わりな模様の鳥。ハト位の大きさで眼が鋭く、翼の脇が青く、頭が白に黒点のあるゴマ塩模様。初めて見ると誰でも驚く姿だ。森に棲む留鳥で警戒心が強く、姿を見ることは少ない。近くにいても「ジェー」という声を残し、飛び去っていくことが多い。

　雑食性で昆虫類や果実などを食べ、特にドングリを好む。秋にはドングリを地面の土や木のすき間に蓄え、餌の少ない冬に食べる「貯食」という習性がある。それを食べずに種が芽を出すこともある。

　カケスは木に餌をもらい、木の移動を助けているという関係性がある。

ドングリをくわえて飛ぶ

| | |
|---|---|
| 全長 | 33cm |
| 観察時期 | 一年中 |
| 出現頻度 | 中程度 |

ひとくち
メモ

「ジェー」という声がする方を探すと見つかることがある

# 白い頭につぶらな瞳がきらめく
# エナガ

　丸っぽい身体につぶらな瞳が輝く。くちばしが小さく、白い頭で目の上から背中まで黒い模様があり、肩の羽が淡い葡萄色をしていて尾が長い。

　平地や山地の林に生息し、「ジュルル」と鳴きながら群れで枝から枝へ移動し、主に昆虫やクモ、その卵、また木の実や樹液も食べる。長い尾でバランスを取り、細い枝にぶら下がって食べることもある。産卵期に、雛には相手が見つからなかったオスや繁殖に失敗したつがいなど、親以外の個体も餌を与えることがある。小さな鳥で天敵に食べられることも少なくないが、仲間で助け合って命をつないでいる。

| 全長 | 13～14cm |
|---|---|
| 観察時期 | 一年中 |
| 出現頻度 | 多い |

ひとくちメモ

「ジュルル」という声で気がつくこともある

赤色が鮮やかな野生的なキツツキ

# アカゲラ

キツツキ科
赤啄木鳥

　黒と白に赤色が鮮やかなキツツキの仲間。頭や背が黒く、喉から腹は白っぽく、下腹部が赤く、オスは後頭部も赤い。平地から亜高山までの森林に棲み、木の幹に縦に止まることもでき、木々を移動して幹や枝をつつく。鳴き声は「キョッ、キョッ」。

　木をつつくのは、中にいる虫を捕るためのほか、巣を作るためや「タラララ」と大きな音を出して、縄張り宣言や求愛のためにも行われる。巣穴は、枯木などの幹に開けた直径4cm程の穴で、初夏に卵を産む。食性は主に昆虫、クモなど。アカゲラは、木から餌や巣を提供してもらい、木にとっては幹に巣食う害虫を食べて守ってくれている。

メス

| 全長 | 23〜24cm |
|---|---|
| 観察時期 | 一年中 |
| 出現頻度 | 中程度 |

ひとくち
メモ

声や木をつつく音で
気がつくこともある

鮮やかな緑や赤がきらめくキツツキ

# アオゲラ

キツツキ科
緑啄木鳥

　緑色が鮮やかな鳥。頭の上が赤く、胸と腹は白く、くちばしが黄色く長い。ハトほどの大きさのカラフルなキツツキの仲間。平地から山地の森林のほか、まとまった木のある市街地の緑地や公園などに棲む。鳴き声は、「キョッキョッ」や「ケレケレ」など。

　主に古木の幹や枝をつついて中にいる昆虫を引き出して食べ、他にもクモやアリ、果実なども餌にする。木をつつくのは餌を捕るためのほか、巣穴を作るためや大きな音で縄張り宣言や異性への求愛をするためのこともある。繁殖期は4〜6月で、樹木の幹に穴を開けて巣を作り、オスメス共同で雛を育てる。餌の虫が多く潜み、巣穴ができる古い木や大きな木がある豊かな森が、アオゲラを育んでいる。

| 全長 | 29cm |
|---|---|
| 観察時期 | 一年中 |
| 出現頻度 | 中程度 |

ひとくちメモ

古い木やサクラに
いることが多い

趣きのある模様と長い尾の鳥

# ヤマドリ

　とても尾羽が長い鳥。尾が長いのはオスで、全長約125cmの
うち尾が最大90cmある。メスの全長は約55cmで尾が20cm
ほど。名前のとおり山の森林などに棲み、林床が茂った場所を好
む。地域によって羽の色が異なり、関東ではオスは頭部が赤褐色
で、他の部分は褐色の羽に白い縁があり鱗のように見える。メス
は頭部の赤みが少なく、尾はくさび型で飛ぶと目立つ。

　日本の固有種で、低山から亜高山の森林や草地に生息する。主
に地上で生活し、植物の種子や芽、葉、果実、昆虫、ミミズなど
を食べる。昔から狩猟対象なので人への警戒心が強く、出会うこ
とは稀だが関東の身近な山にも棲んでいる。緑豊かな森は、この
大きな鳥を包み込むようにして育んでいる。

| 全長 | 雄125cm、雌55cm |
|---|---|
| 観察時期 | 一年中 |
| 出現頻度 | 稀 |

ひとくち
メモ

山間の林道沿い
などに稀に現れる

68

赤、紺、緑ときらめく日本の国鳥

# キジ

　とても色鮮やかな鳥。オスは、胸がきらめく光沢の緑色で首が紺、赤い顔で尾が長い。メスは全体的に黄褐色で黒褐色の斑がある。林、農耕地、河原などの草地に生息し、大きな身体で体重もオスで1Kg位と重く、普段はあまり飛ばず、地面で暮らしている。

　雑食性で草の種子や芽、葉、昆虫やクモなどを食べる。繁殖期は4～7月で、オスは「ケーン、ケーン」と鳴いて縄張り宣言をし、メスにアピールする。子育てはメスが行い、地面を掘って巣を作り、目立たない保護色の体で抱卵する。桃太郎などの民話に登場し、日本の国鳥にもなっている鮮やかにきらめく鳥が、近くの野山に棲んでいる。

メス

| 全長 | 雄81cm、雌58cm |
|---|---|
| 観察時期 | 一年中 |
| 出現頻度 | 中程度 |

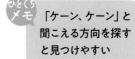

ひとくちメモ
「ケーン、ケーン」と聞こえる方向を探すと見つけやすい

羽が宝石のようにきらめく

# カワセミ

　「渓流の宝石」と呼ばれる青緑色の鳥。背の羽は微細な凹凸により光が屈折、反射し、緑や水色に輝く。胸の橙色も鮮やかでくちばしが長く、丸っぽい身体も可愛らしい。オスとメスはほぼ同色だが、メスのくちばしの下は赤くなっている。

　水辺に棲み、河川や湖沼、公園の池などで見られる。餌は魚や水生昆虫、エビなど水中の動物。採食する時は水辺の枝や岩などから、時には空中で停止飛行してから水中に飛び込んで餌を捕らえる。その光景を見るのも楽しい。鳴き声は、チーやチッチー。近くの公園でも魚が棲めるような川や池などがあれば、この輝く鳥に会えるかもしれない。

水に飛び込む

| 全長 | 17cm |
|------|------|
| 観察時期 | 一年中 |
| 出現頻度 | 多い |

ひとくちメモ

「チー」という声で
気がつくことも多い

頭の毛が立っている幻の鳥

# ヤマセミ

カワセミ科
山翡翠

　冠のように頭の毛が立っている鳥。背から尾の白と黒の斑模様が鮮やかで眼がクリッとしていて、「渓流の貴公子」と言われるように気品がある。オスには顎と胸に褐色の斑がある。

　水量が多い渓流や湖沼に棲み、1羽かつがいで縄張りを持ち、その中を動き回り「キャラッ、キャラッ」と鳴く。水面上に枝が張り出した木に止まっていることが多く、水面にダイビングして餌を獲る。餌は魚が中心でカエル、カニ、昆虫も食べる。河川周辺の開発などで個体数が減っており、人への警戒心が強いので「幻の鳥」とも言われている。この美しい姿を遠くからでも眺められると幸運である。

| 全長 | 38cm |
|---|---|
| 観察時期 | 一年中 |
| 出現頻度 | 稀 |

ひとくちメモ

水面に張り出した木の枝によく止まっていて白い姿で目立つ

不思議なほどカラフルな鳥
# オシドリ

カモ科
鴛鴦

　いろいろ模様が混じる姿。繁殖期のオスは目の上が白く、喉から胸に褐色の羽毛があり、頭の上に後に流れる毛があり、羽の先がクリーム色でクルッと立ち上がっている。メスは全身、灰褐色。平地から亜高山の湖沼や池、河川などに棲み、寒冷地では夏鳥として繁殖する。植物食の雑食性で、特にドングリを好む。

　秋から冬につがいとなり、春からメスが大木の洞穴などに巣を作ってオスが縄張りを見張り、抱卵はメスのみで行う。抱卵が終わる頃にはオスは巣を離れ、つがいは解消する。「おしどり夫婦」といわれるが、翌年には違う相手とつがいになるカラフルな姿がきらめく鳥だ。

メス

| 全長 | 45cm |
|---|---|
| 観察時期 | 一年中<br>（低地は主に秋冬） |
| 出現頻度 | 中程度 |

ひとくちメモ　都市内の公園から山奥の湖沼まで、いろいろなところで出会う

鮮やかな緑色がきらめくハト
# アオバト

ハト科
緑鳩

　鮮やかな緑色の頭にクリッとした目。頭から胸、背にかけて黄色がかった緑で腹は白く、くちばしは水色をしている。葉の色と同じようなので、木の中で目立たなく保護色となっている。

　主に広葉樹林などの森林に棲み、果実やドングリ、新芽などを食べている。鳴き声は、「アーオアオ」など。繁殖期は6～9月で、木に巣をつくり卵を2個産み、親鳥はヒナにタンパク質と脂肪分が含まれるピジョンミルクを与えて育てる。

　珍しい行動として、夏頃に塩分を含む水を飲むため、山地の鉱水や温泉水、また海岸までに飛んでいき海水を飲むこともある。海岸では猛禽類に襲われたり、波にのまれたりすることもあるが、その危険を冒してまで塩分を摂って暮らしている。

| 全長 | 33cm |
|---|---|
| 観察時期 | 一年中 |
| 出現頻度 | 少ない |

ひとくちメモ

夏頃によく飛来する
海岸が見やすい

ノドの周りの紅色がきらめく

# ウソ

アトリ科
鷽

　ノドの周りの、ほのかな紅色が美しい。丸みのある身体で、オスのみが頬と喉が淡桃色をしオスもメスも頭と尾、翼の一部が黒く、背や腹は淡い灰色でくちばしは短くて太い。

　春から夏は、国内の亜高山やシベリアなどの寒冷地に生息し、主に針葉樹のある林で繁殖する。秋から冬は低山や平地にやってきて、人里近くの林や稀に公園などで見られる。「フィー、フィー」と、口笛のような鳴き声で気がつくこともある。食べ物は昆虫も食べるが、草木の実や芽などが主。雑草と呼ばれる草の小さな種子やまだ閉じている木の芽なども食べる。ソメイヨシノやウメの花芽を食べることもある。このような秋から春への植物の恵みで、冬を乗り越えている。

| | |
|---|---|
| 全長 | 15~16cm |
| 観察時期 | 一年中 |
| 出現頻度 | 中程度 |

ひとくち
メモ

低い場所の草の実
を食べることもある

黄色いくちばしがきらめく

# イカル

　太く黄色いくちばしが目立つ鳥。身体の大部分は灰色で、頭や尾が光沢のある黒色をしている。主に落葉広葉樹林に棲み、北海道や山地の個体は冬に暖地や低地に移動する。ほとんど樹上で生活し、餌は草木の実や種子などで時には昆虫も食べる。頑丈なくちばしで、硬い実などを砕いて食べることができる。さえずりは、澄んだ声で「キコキコキー」など。

　春夏は山で繁殖し、高い木の枝に巣をつくり、夫婦仲が良くオス、メスがさえずりを交わし、共同で雛に給餌をする。秋冬には、群れになり、人里近くや公園にもやってくる。一年を通して日本の豊かな山地の森と里や公園の林が、このくちばしがきらめく鳥を育んでいる。

| 全長 | 23cm |
|---|---|
| 観察時期 | 一年中 |
| 出現頻度 | 中程度 |

ひとくちメモ

冬は意外に都市公園に来ることもある

# 大きな瞳が愛らしい
# キクイタダキ

　赤ちゃんのようなイメージの鳥。日本で最小の鳥の一種で、小さい身体の割に大きな目と小さいくちばしで可愛い顔をしている。身体の上面はオリーブ色で、眼の周囲は白っぽく翼は黒色に白斑がある。頭の上に黄色い模様があるのが特徴で、これが菊の花片に似ているので「菊戴」と名付けられた。

　春夏は山地や亜高山の針葉樹林で繁殖し、秋冬は低地や暖地にも降りてきて稀に公園でも見られる。樹木の梢をせわしなく動き回り、時にはホバリングをし、昆虫やクモ類などを捕食する。

　関東付近では珍しい鳥で、木の葉に隠れていることが多いので見ることは難しいが、一瞬でも愛らしい姿に出会うと感激する。

| | |
|---|---|
| 全長 | 10cm |
| 観察時期 | 一年中 (低地では冬) |
| 出現頻度 | 少ない |

ひとくち
メモ

冬はシジュウカラ
などと混群になる
こともある

ほのかな紅赤色がきらめく

# ベニマシコ

　紅赤色を帯びた鳥。冬枯れの林や草地で、温かみを感じる。オスは全体的に艶やかな紅赤色を帯び、喉や額は白く、翼に明瞭な2本の白色の帯がある。メスは全体的に茶色っぽく目立たない。

　繁殖地は北海道やシベリアなどで、関東付近では冬鳥として秋から冬に平地から低山の林縁や草地、河原などで過ごす。草藪や低木林の中などに隠れていて、時々餌を食べに出てくる。「フィッ、フィッ」という声で気がつくこともある。餌はイネ科やタデ科などの植物の実や芽生えてきた新芽などで、食べて体力を維持し、春に北方に戻っていく。冬枯れの草原で目立たない植物の実や芽が栄養源となって、彼らの冬越しを支えている。

| 全長 | 15cm |
|---|---|
| 観察時期 | 10月～4月（関東） |
| 出現頻度 | 少ない |

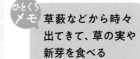

ひとくち
メモ
草藪などから時々
出てきて、草の実や
新芽を食べる

77

爽やかな水色とオレンジの色合いがきらめく

# ルリビタキ

ヒタキ科
瑠璃鶲

　とても爽やかな水色の鳥。水色はオスで、メスは緑褐色。どちらも腹面は白く体側面にオレンジ色の羽毛がある。すっきりした容姿で身体の割に眼が大きく、クリっとして可愛い。

　繁殖地は夏の亜高山などの針葉樹林で、関東付近では冬に里山や公園などでも見られる。冬枯れの灰色っぽい景色の中で出会うと、ルリビタキの水色一点だけが鮮やかに見える。「ヒッ、ヒッ」と鳴くので、この声で近くにいると分かる。木々を移動し、時々地面に降り餌を探す。夏は高い山の森、冬は低い山や平地の林などで命をつないでいる水色がきらめく鳥だ。

メス

| 全長 | 14cm |
|------|------|
| 観察時期 | 11月〜3月 |
| 出現頻度 | 中程度 |

ひとくちメモ　冬は同じ場所に居つくので、待っていると現われる

鮮やかなオレンジ色がきらめく
# ジョウビタキ

　胸が鮮やかなオレンジ色の鳥。オスは頭上が灰白色で、喉や上面は黒く、胸から腹にかけてオレンジ色をしている。メスは身体上面が灰褐色、下面は淡褐色で地味だが、目がクリッとしていて可愛く見える。オスメス共に、翼に白斑がある。

　北方から越冬のため日本に渡来し、近くに林や藪がある草地や河原、畑、公園など開けた場所に棲みつき「ヒッ、ヒッ」という声で縄張りを主張する。枝や草、杭などの上に止まり、地面の餌を探し、飛び降りて捕らえる。餌は昆虫やクモ、木の実など。身近な公園や人家の近くにも現れることがあり、冬の自然を楽しませてくれる愛らしい鳥だ。

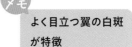
メス

| 全長 | 14cm |
|---|---|
| 観察時期 | 10月〜4月 |
| 出現頻度 | 多い |

ひとくち
メモ

よく目立つ翼の白斑
が特徴

79

喉元の黄色がきらめく

# ミヤマホオジロ

ホオジロ科
深山頬白

　黄色い喉元が鮮やかな鳥。頭に冠羽があり、オスの喉元と目の上の黄色が目立つ。メスの目の上や喉元は黄褐色をしている。10月頃に飛来する冬鳥で、4月頃に中国やシベリアに渡って繁殖する。日本では平地から山地の林、農耕地、草地などに棲み、小規模な群れで生活している。草地に近い林縁などを低く飛び、地上で採食し、危険を感じると樹上や薮へ逃げる。地鳴きは「チッチッ」。食性は雑食だが、冬は主に地表に落ちているイネ科やタデ科など様々な植物の種子を食べる。日本の山野に生える植物の目立たない種子が、この黄色が目立つ鳥の冬越えを支えている。

メス

| 全長 | 15~16cm |
|---|---|
| 観察時期 | 10月~4月 |
| 出現頻度 | 少ない |

ひとくちメモ

群れで地表を探って
植物の種子を食べる

後ろに伸びる冠毛がきらめく
# ヒレンジャク

レンジャク科
緋連雀

　頭の毛が後方に尖っている鳥。「冠羽」と呼ばれる頭頂部の羽毛が後に伸び、顔の周りは赤褐色、額から後方へ黒い過眼線があり、尾の先端が赤い。似ているキレンジャクは尾の先端などが黄色で、ヒレンジャクと混群となることがある。

　冬を越すため日本に渡ってきて、平地から低山の森林、公園などの林で見られる。食性は雑食性だが、日本では主にヤドリギなどの果実を食べる。ヤドリギは半寄生植物で、樹木の枝に根を張り、養分をもらって生きている。その種子を食べた糞は粘着性があり、木の枝に付着しそこで発芽する。ヤドリギで、ヒレンジャクは食べ物を得ることが、ヤドリギは子孫を残すことができ、お互いに助け合って生きている。

| 全長 | 17～18cm |
|---|---|
| 観察時期 | 10月～5月 |
| 出現頻度 | 少ない |

ひとくち
メモ

木の枝に丸くつくヤドリギの実を食べに来る

81

丸く黒い頭に黄色い目がきらめく

# アオバズク

フクロウ科
青葉木兎

　目の虹彩が黄色く輝き、頭が丸い鳥。頭や背など黒褐色で、胸から腹は白地に褐色の縦縞が入っていて黒目の周りの虹彩は黄色で鋭い目つきをしている。頭部には他のフクロウ類にある羽角はないので、坊主頭に見える。

　夏鳥として、青葉が茂る5月頃に飛来し、平地から山地の森林や大木のある社寺林などで繁殖する。夜行性で、餌は主に蛾や甲虫などの昆虫類で、コウモリや小鳥も食べる。街灯に集まっている昆虫類を狙うこともある。繁殖は主に大木の樹洞に巣をつくり、卵を産む。抱卵は1ヵ月以上かけてメスが行い、その間オスは外で見張り役となり、抱卵しているメスに餌を届ける。関東付近でもわずかに残る大木がこの鳥の繁殖を助けている。

| 全長 | 29cm |
|---|---|
| 観察時期 | 5月～10月 |
| 出現頻度 | 少ない |

ひとくちメモ

林が近い神社や寺の大木にも営巣する

鋭い目つきで野生さがきらめく

# コミミズク

フクロウ科
小耳木菟

　丸い顔に睨むような鋭い眼。フクロウと同じ平らな顔で、白っぽい縁取りの中に黄色地の眼がある。背面は褐色に黄褐色の斑点があり、腹面は白色に暗褐色の縦縞が入る。冬鳥として渡来し、草原や河原、農耕地等に生息している。同じ仲間のフクロウは、留鳥で森林や草原に棲む。

　動物食で、主に、ノネズミを食べる。夜行性だが、日没2時間位前からも活動する。顔面が少しくぼんでいて音が耳に集まり、小さな音でも獲物の場所を特定でき、眼は暗くてもよく見え、獲物を捕らえられる。関東でも広いヨシ原などで、このきらめく目をした鳥が冬を越している。

フクロウ

| 全長 | 37〜39cm |
|---|---|
| 観察時期 | 10月〜4月 |
| 出現頻度 | 稀 |

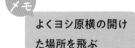

ひとくち
メモ

よくヨシ原横の開けた場所を飛ぶ

83

スーッと直線的に飛ぶ精悍な鳥

# オオタカ

タカ科
蒼鷹

　キリッとした眼で精悍な鳥。平地から山地の林などに棲み頭や背、翼の上面が灰黒色で眉班が白い。胸や腹など下面は白く、飛ぶ姿は白く見える。獲物は中小型の鳥や小型哺乳類など。飛翔能力が優れ、直線的に速く飛び、急回転も得意で鳥を空中で捕える。

　オオタカが生きるためには、餌となる多くの鳥などが必要で、その鳥はたくさんの動植物を食べる。そのため多くの生きものを育む豊かな環境が必要である。最近は都市部でハトなどを狙うこともあるが、野山でオオタカが見られたら、そこはまだ豊かな自然が残っているという証だ。

| 全長 | 雄50cm、雌56cm |
|---|---|
| 観察時期 | 一年中 |
| 出現頻度 | 中程度 |

ひとくちメモ　都市公園でも飛ぶ姿を見られることがある

灰色の身体に鋭い目がきらめく

# ハイイロチュウヒ

タカ科
灰色沢鵟

灰色が美しいタカの仲間。オスは頭部から身体上面は灰色で、胸からの下面は白く、メスは全体的に暗灰褐色。同じ仲間のチュウヒは、オスも主に茶褐色や灰褐色など褐色系をしている。

日本には、冬鳥として平地の草地、農耕地、ヨシ原のある河川などに飛来する。羽を浅くV字にし、滑空するように草原の上を飛び、地上の獲物を探す。肉食性で、ネズミ類や鳥類、カエルなどを狙う。顔の表面は集音しやすく耳は大きいため、獲物を探す時には聴覚にも頼っている。このように鋭い目をしたワイルドな鳥が、関東付近の草原で、獲物をとって冬越ししている。

メス

| 全長 | 雄43cm、雌53cm |
|---|---|
| 観察時期 | 10月〜4月 |
| 出現頻度 | 稀 |

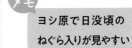

ひとくち
メモ

ヨシ原で日没頃の
ねぐら入りが見やすい

## 哺乳類のきらめき

　哺乳類は、野鳥や蝶などとは違いカラフルなものはほとんどなく、色がきらめくような動物とは言いにくいかもしれません。しかし、野生の哺乳類には心を魅かれる人も多いと思います。それは、一つには他の動物に比べて大きく、姿や生き方が人間に近いためだと思われます。また中小型の動物は、人間の子どもや犬猫など愛玩動物を連想し、同じように可愛いと思うのかもしれません。哺乳類を見るとワクワクするのは、例えば次のことからだと考えられます。

### ①姿が可愛い

　ノネズミはミッキーマウス、ノウサギはピーターラビット、クマはプーさんなどとして人気があります。このようにいくつかの哺乳類は人から可愛がられています。実際に見てもノネズミやノウサギ、ニホンリスなどは愛らしく、アナグマ、タヌキなども愛嬌があります。

### ②動作が面白い

　動き回ったり食べたりする動作をし、ニホンリスやニホンザル、ムササビなどは木に登ったり木から木に飛び移ったりします。その姿を見ると何だかワクワクします。

### ③行動が興味深い

　親が子どもを育てる行動や子ども同士の遊び、様々な餌を食べるなどいろいろな行動を取ります。なぜそのような行動をするのかと疑問を持つことがあり、また人間に似ていると感じることもあり、興味深く感じます。

## 哺乳類とは（哺乳類の生き方）

　哺乳類は、名前のとおり乳で子どもを育てるのが特徴です。他にも周囲の様々な環境に適応できるよう、次の特徴があります。

### ①繁殖と授乳

　多くの種は年一回繁殖活動を行い、子どもを産む時期はほとんど春から初夏になっています。これはちょうど植物がよく育ち、昆虫などが多く発生する食べ物が多い時期です。また、子どもを未熟な状態でも出産可能で、生まれてから子どもに授乳をして栄養を与えます。そのため産後に育てる期間が必要で、その間は親の負担が多くあり、少ない子どもを大切に育てる傾向があります。

### ②恒温動物と体毛

　哺乳類は、食物で得たエネルギーを体内で燃やして体温をほぼ一定に保つ恒温動物です。体温の発散を防ぐため、体表を覆う体毛があります。このため寒冷な気候でもある程度生きることができます。

### ③食べ物と歯

　ニホンジカやノウサギなど草食の種とテンやキツネなど肉食の種、ツキノワグマやニ

ホンザルなど雑食性の種がいます。しかし、肉食の種も果実など植物を食べることがあります。そして、それぞれの食べ物に適した歯の形や組み合わせになっています。歯は切り裂く歯やつぶす歯など違う形の歯があり、肉食動物は切り裂く歯、草食動物はかみつぶす歯が主にあり、雑食動物は両方持っています。これによって、硬い物も含めて様々なものを食べることができ、冬の森など厳しい環境でも生きています。

**④行動の特徴**

行動範囲は野鳥のように遠くへ飛べないので、多くは一定の範囲に定住しています。ただし、一部は冬に低所に下るなど季節移動したり、繁殖期のオスが長距離移動したりすることがあります。また、穴や薮などをねぐらとして利用する種は、ねぐらを中心とした範囲で行動します。中には、ニホンザルやニホンジカなど群れをつくる種がいます。群れの動物でも、オスは成獣になると、群れから離れて他の群れなどのメスを探すようになります。

活動時間については昼行性の動物と夜行性の動物に分かれますが、夜行性と言われるタヌキ、アナグマなども昼間も活動することがあり、昼行性のツキノワグマも夜に活動することがあります。

ツキノワグマ、アナグマなど一部の動物は、餌の少ない冬は活動をやめて穴などにこもり、冬眠状態になります。しかし、餌の少ない冬も活動する哺乳類も多く、冬を越すためニホンジカやニホンザルは木の樹皮や雪の下の草や根など食べ、また、ニホンリスやノネズミは秋のうちにドングリなどをどこかに埋めるなどして保管し、後で食べる「貯食」という行動を取ります。

## 関東付近の哺乳類

これらの動物は、関東付近でも多くの種が棲んでいます。場所に応じて概ね次のように分布をしています。

・山地の森林

植生が豊かで餌も多く、ニホンリス、タヌキ、キツネ、テン、ニホンジカ、ニホンカモシカ、ツキノワグマなどが代表的な動物のほとんど生息しています。

・丘陵や里山

山地の動物も棲むものがいますが、特に人家に近い場所ではタヌキやキツネなどが多くなります。

・農耕地や草原

ノウサギやキツネなどが生息しているほか、近くの森から森林の動物が出てくることがあります。

・水田や河川などの水辺

水中の魚も食べるイタチが棲み、河原にはタヌキやキツネなども現れます。

大きな丸い耳の可愛い顔

# ヒメネズミ

ネズミ科
姫鼠

　丸い耳とつぶらな瞳が可愛い。目は身体の割に大きく、餌を食べながらでも天敵を警戒し上を見ている。尾が身体以上に長く、バランスを取るのに有利で、樹上でも活動ができる。低地から高山帯の主に森林に生息し、斜面や木の根や石の間など、地中に巣穴を作る。夜行性で人知れず森の中を動き回っている。

　食べ物は主に植物の種子や根茎などで、昆虫類も捕食する。秋にはドングリなどを巣穴や地中に貯蔵し、後で食べる習性がある。それが食べ忘れるなどで残り、芽が出て育つことがあり、木の繁殖を助けている。森の恵みで育ち、森の木のためにもなっている可愛い動物だ。

| | |
|---|---|
| 頭胴長 | 7〜10cm |
| 観察時期 | 一年中 |
| 出現頻度 | 少ない |

ひとくちメモ

似ているアカネズミは田畑や河原にも生息する

クリっとした目がきらめく

# ニホンリス

リス科
日本栗鼠

　赤ちゃんのようにあどけない姿。目がクリッと大きく、身体が柔らかな毛で覆われ、尾がふわっとしている。毛の色は夏は赤褐色、冬は灰褐色で耳の先端の毛が伸びる。

　平地から亜高山の森林に棲み、樹上で枝の上を素早く動きまわり、幹を上下に移動し、木から木へ飛び移る。このため爪が発達していて、バランスを取るため尾が長い。食べ物は果実や種子、冬芽、きのこ、昆虫、鳥の卵など。秋には食べ物を地中に埋めるなどして貯蔵し、それを冬に食べる。時には埋めた種子が忘れられ、親木から離れた場所で発芽することがある。こうして、植物の移動を助けている。

| 頭胴長 | 16〜22cm |
|---|---|
| 観察時期 | 一年中 |
| 出現頻度 | 中程度 |

ひとくちメモ

オニグルミやマツの種子をよく食べている

夜空に滑空する姿がきらめく

# ムササビ

リス科
鼯鼠

　愛らしい顔で空を飛ぶ動物。リスのような身体で顔に斜めに白い帯状の毛があり、クリっとした目と丸い鼻が可愛らしい。

　平地から山地の森林の樹上で暮らし、高い木から飛び出し、前肢と後肢の間の膜を広げて滑空し、他の木へ飛び移る。声は、「グルルー」。夜行性で日没後に活動し、昼間は木の幹にキツツキ類が開けるなどしてできた、入口が握りこぶしぐらいの巣穴にいる。食物は様々な木の葉や芽、果実、花などで樹上で食べる。

　いつでも餌があるよう樹種が多く、巣穴にできる古い木があり移動のための高い木がある豊かな森が、この空飛ぶ動物を支えている。

| | |
|---|---|
| 頭胴長 | 27〜49cm |
| 観察時期 | 一年中 |
| 出現頻度 | 中程度 |

ことくらノモ
人里近くの里山や神社などに棲んでいることもある

とても大きな目がきらめく
# ニホンモモンガ

リス科
日本鼯鼠

　目が大きい空飛ぶ動物。背中は夏毛が茶褐色、冬毛が灰褐色、腹は白色で眼が特に大きく、尾は胴に比べて短い。前足と後足の間に皮膜があり、それを広げ、ムササビと同じように滑空して飛ぶ。その膜を広げた大きさはムササビが座布団位なのに比べ、ハンカチより小さい位である。

　山地から亜高山の森林に棲み、夜行性で樹上で活動し、木々の間を滑空して移動する。日本にのみ生息する固有種。巣は、樹洞やキツツキの古巣などを利用する。食性は樹木の葉、芽、樹皮、種子、果実などを食べる。山地の森の夜でしか見られず、しかも小さいため観察することは難しいが、山の森にはこの大きな目の可愛い動物がどこかに潜んでいる。

| | |
|---|---|
| 頭胴長 | 14〜20cm |
| 観察時期 | 一年中 |
| 出現頻度 | 稀 |

ひとくちメモ　巣の近くに5〜8mmの俵型の糞が落ちていることがある

長い耳と丸い目で可愛い

# ニホンノウサギ

ウサギ科
日本野兎

　丸い目に立った耳が可愛い。褐色の毛で被われるが、積雪地帯では冬は白くなる。草原や森林などに棲み、ほぼ夜行性で昼は藪や木の根元で休み、夜に寝ぐら付近で活動する。食性は植物食で、草や木の葉や若枝などを食べる。

　天敵はキツネやイタチ類、猛禽類などで、防衛手段として感度の良い長い耳で敵の存在をキャッチし、長い足と強い筋力により時速80Kmの瞬足で逃げられる。繁殖は年3〜5回で、1〜4頭を産み、新生子は1年弱で繁殖できるようになる。効率の良い繁殖で、肉食動物にある程度捕食されても、しっかり命をつないでいる。

| | | |
|---|---|---|
| 頭胴長 | 45〜54cm | |
| 観察時期 | 一年中 | |
| 出現頻度 | 少ない | |

ひとくちメモ
姿はなかなか見られないが、時々平たく丸い糞が落ちている

目の周りが黒く愛嬌を感じる動物
# アナグマ

　目の周りが黒い愛らしい動物。短い脚、ずんぐりした体形で動作もたどたどしく、パンダのように愛嬌がある。全体的に暗い黄薄茶色で、胸から肢にかけて黒褐色をしている。

　里山から亜高山の森林に棲み、地面に巣穴を掘って生活している。穴を掘るため前足は幅が広く爪が太くて湾曲し、穴で過ごすため臭覚と聴覚は鋭いが、視覚は弱い。食性は雑食性で昆虫、カエル、果物やドングリ、キノコなどを食べ、特にミミズを好む。巣穴から出て歩きながら地面を探り、餌を探す。冬は、巣穴内で冬眠する。森の恵みでひっそりと暮らす、親しみが持てる動物だ。

| | |
|---|---|
| 頭胴長 | 45〜70cm |
| 観察時期 | 4月〜11月 |
| 出現頻度 | 中程度 |

ひとくちメモ
日中でも林道などの道脇で地面を探っていることがある

黄色がかった毛並みがきらめく

# テン

イタチ科
貂

　金色のように輝く毛並み。黄色がかった褐色の毛は美しく、「森の妖精」と言われるほどだ。細長い身体つきをし、脚が黒い。顔の前面が夏は暗夜で目立たない黒に、冬は雪のような白に変わる。

　山地の主に広葉樹林に棲み、ほぼ夜行性で姿はほとんど見られないが、稀に日中に姿を現す。縄張りを主張するため細長い糞を目立つ石や杭の上などにする習性があり、時々目にする。食べ物は小型哺乳類や鳥類、昆虫類などで、果実類も好む。木登りも上手で、樹の上の動物や果実も食べる。テンは、これら森の生き物の恵みでワイルドに生きている。

| 頭胴長 | 41～49cm |
| --- | --- |
| 観察時期 | 一年中 |
| 出現頻度 | 少ない |

ひとくちメモ　夕方などに人気のない川沿いなどで稀に出会う

可愛い顔をし野生的に狩りをする動物

# イタチ

　愛らしい小さな顔に丸い目。細長い身体に短い足で、走る姿は長い胴体を丸く曲げ、尺取り虫のようにも見えて面白い。顔の真ん中が暗褐色になっている。

　川原や湖沼、森林などの水辺に棲み、昼夜に関わらず餌を探す。巣はモグラなどが掘った穴や石垣の間など人工物も利用する。餌はネズミや鳥、カエル、魚、昆虫類、果実など。指の間に水かきがあり水に潜って魚を獲り、爪が鋭く木にも登る。生き物が豊かな場所に棲み、自然のものしか食べないので、都会には適用できていない。野生的に生きものの狩りをして、川沿いや里山で目立たずに暮らしている動物だ。

| 頭胴長 | 19～37cm |
|---|---|
| 観察時期 | 一年中 |
| 出現頻度 | 中程度 |

ひとくちメモ
道端などに歩いている姿に出会うことがある

ほのぼのとした姿が愛らしい
# タヌキ

イヌ科
狸

　ふっくらとした毛並みに丸い目が愛らしい。道端などで出会う
と、足を揃えてこちらを見ていることがあり、ほのぼのと親しみ
を感じる。全体的に灰褐色や茶褐色をし、目の周りや足先、耳の
縁が黒い。毛並みは特に冬にふっくらする。

　平地から山地の森林や里山、河原などに広く生息し、環境への
順応力が高く、都会でも生活している。果実や穀類、昆虫など動
物、生ごみなど様々なものを食べる。ほぼ家族で暮らし、同じ場
所で糞をし、糞のにおいで食べ物などの情報交換をしている。巣
穴も岩の隙間や木の根元の洞、人工物など様々な場所を使う。食
べ物も巣も周りにあるものに合わせ、仲間と助け合って生きてい
る。姿はのんびりしているようだが、賢く生きている動物だ。

| | |
|---|---|
| 頭胴長 | 50〜60cm |
| 観察時期 | 一年中 |
| 出現頻度 | 多い |

ひとくち
メモ

夜に道端で出会う
ことが多い

精悍な顔つきが野生的
# キツネ

イヌ科
本土狐

　目がきりっとした精悍な顔つき。犬とは違い、尾が太くて長く、まっすぐ伸ばして歩く。森林や草原などが混在する環境を好み、昼も活動するがほぼ夜行性で、人が目にすることはめったにない。

　食性は、ノネズミや昆虫などの動物のほか、果実も食べる。ノネズミなどを捕食する時は、一気に高く飛び上がり真上から襲いかかる。耳がよく、雪の下のノネズミの動いた音も分かり、雪に飛び込み捕まえる。仲間同士でコミュニケーションをし、争う時や求愛の時、危険を知らせる時などそれぞれの鳴き声がある。関東付近の野山でも、優れた身体能力で獲物を捕り、仲間同士で助け合い、厳しい自然環境の中でもしっかりと命をつないでいる。

| | |
|---|---|
| 頭胴長 | 52〜76cm |
| 観察時期 | 一年中 |
| 出現頻度 | 少ない |

夕方薄暗い時に
出会うことが多い

穏やかな雰囲気の天然記念物

# ニホンカモシカ

ウシ科
日本羚羊

　穏やかな雰囲気で親しみが湧く。灰褐色や黒褐色をし、白に近い個体もいる。ニホンジカと違い、オスメスともに短い角があり、生え変わらない。出会うと逃げないでこちらを見つめることがある。日本にのみ棲む固有種で、国の特別天然記念物でもある。

　低山から亜高山に生息し、主に樹の葉や草本、ササ類を食べる。牛と同じように4つの胃があり反芻することで、植物の繊維質を分解できる。定着性の動物で概ね直径1km程までを行動圏として単独で生活するが、夫婦や母子の家族で生活することもあり、オスは放浪もする。行動圏の中で縄張り宣言のために眼の下にある眼下腺から粘液を木の枝などにこすりつけるマーキングを行う。森の植物の恵みで生きている、のどかさを感じる動物だ。

| | |
|---|---|
| 頭胴長 | 70〜85cm |
| 観察時期 | 一年中 |
| 出現頻度 | 少ない |

ひとくちメモ
崖のような場所を好み斜面の岩棚などで休んでいることがある

昔からなじみのある穏やかな動物

# ニホンジカ

シカ科
日本鹿

　優しい顔立ちで大きな身体。突き出た鼻と口に大きな目と耳で、夏毛は明るい茶色に白い斑点がある鹿の子模様となり、木漏れ日の林床で目立たない。秋からの冬毛は褐色になる。オスには毎年生え変わる角があり、秋の繁殖期に最も大きくなり、春には落ちる。森林や草原などに棲み、夜行性の傾向が強いが昼間も活動する。植物食で草や木の葉、実、樹皮を食べる。シカの数は増えており林床の草が激減している場所があるが、その原因は人間の活動で家畜に害のある天敵のオオカミが絶滅し、温暖化で苦手な積雪が減ったこととも言われる。人と同じ哺乳類で、親が子を優しく育てる姿にほのぼのとする。

| 頭胴長 | 90~190cm |
|---|---|
| 観察時期 | 一年中 |
| 出現頻度 | 多い |

ひとくち
メモ
人に気がつくと「ピィ」と声を出して逃げていくことがある

森と共に野生的に生きている

# ツキノワグマ

クマ科
月輪熊

　野生的な身体に丸い顔と丸い耳。身体は黒く、胸に三日月やV字の形をした白い斑紋がある。平地から亜高山帯の森林に生息し、植物が主の雑食性で草や木の果実や花、アリやハチなどの小動物など通常森の恵みを食べて穏やかに生きている。

　手の力が強く爪が曲がっていて鋭く、木を登り果実や花などを食べる。その時に枝を折るので地面の日当りが良くなり、新たな植物が生えやすくなる。また、食べた実の種子を歩き回って糞として出すことで散布し、植物の移動を助けている。

　このように森の恵みで生き、その行動は生き物が豊かな森づくりに貢献している。

| 頭胴長 | 110〜150cm |
|---|---|
| 観察時期 | 4月〜11月 |
| 出現頻度 | 稀 |

山地の眺めの良い高所から探すと見られることがある

仲良く生きる姿がきらめく
# ニホンザル

オナガザル科
日本猿

　ヒトに似ていて興味深い。行動を観察すると人間との結びつきを連想する。主に広葉樹林に棲み、樹上にいることも多く、よく枝から枝に飛び移る。植物の葉や実、花、芽、根、樹皮、昆虫など多様な物を食べ、餌を取る時に手の指を使うことができる。これらができるようになって知能が発達した。

　通常群れで過ごし、採食したり子どもの世話をしたりペアで毛づくろいをしたり、様々な行動をする。毛づくろいをされると気持ちが良く、お互いに助け合う仲間意識が芽生え、餌を分け合って食べたり寒い時は暖め合ったりしている。仲間で助け合って仲良く暮らしている動物だ。

| 頭胴長 | 47〜60cm |
| --- | --- |
| 観察時期 | 一年中 |
| 出現頻度 | 多い |

ひとくちメモ 「クークー」や「キー」などの声で気がつくことがある

101

　きらめく生きものをご紹介しましたが、楽しんでいただけましたでしょうか？ この本で選んだ生きものは、実際に光り輝く種や一般的に人気が高そうな種に、私の個人的な好みを加えたものです。このように、人は勝手に生きものを好きや嫌いと区別していますが、本来生きものには、優劣はありません。生きものの姿や生態は、様々な環境の中で生き残り、子孫を残すために得られたものです。単なる自然現象の結果で、良いも悪いもありません。

　一方、世界的にSDGsなどでも叫ばれているように環境問題が深刻化し、多くの生きものが絶滅の危機に瀕しており、心配されています。私は、このような人間社会が生んだ環境問題の解決に、多くの人が野生の生きものを好きになることが一つの糸口だと考えました。すなわち、自然の中できらめくような生きものと出会い、その生きものを好きになり夢中になることが、生きものを守るための始まりだと思います。好きな生きものができると、その生態や棲む環境、さらに自然の仕組みを知り、結果として自然保護の思いが芽生えることが期待できます。それには、単純に生きものを好きになることがポイントです。

　生きものを好きになるために「生きものが美しい、面白い」と感じられるような本を作ろうと考え、出来上がったのがこの本です。ここでは、写真はできるだけ魅力を感じ取ってもらえるよう、長年にわたって撮影したもの中から、特にきらめく一枚を選びました。そして、文章ではその生きもののことだけでなく、他の生きもののつながりや環境との関係のことを理解してもらおうと努めました。この本で生きものをより好きになり、自然について理解が深まる人が多くなることを期待しています。

　なお、この本ではきらめく生きものを紹介しましたが、その出会い方については、触れていません。ご関心がありましたら、拙著の『自然の中で美しい生きものと出会う図鑑』にいくつかの種の出会い方を紹介しております。

　最後に、この本を制作できたのは多くの方々から様々な機会やご教示をいただいたおかげです。特に、日本自然保護協会の東京連絡会（NACOT）には、自然観察のご指導と会誌「SIGN POST」に本書の基となる連載「自然の仲間との出会いから」を14年間掲載いただきました。また、森林インストラクター東京会と高尾クラブの皆様からは自然ガイドの実践などを通じ生きものについて多くのことを教えていただきました。ここに皆様に深く感謝いたします。

2024年3月　藤原裕二

# ❀ 索引 ❀

## 参考文献

山渓ハンディ図鑑1 野に咲く花／林弥栄、平野隆久／山と渓谷社
山渓ハンディ図鑑2 山に咲く花／永田芳男、畔上能力／山と渓谷社
高尾山全植物／山田隆彦／文一総合出版
昆虫探検図鑑1600／川邊透／全国農村教育協会
フィールドガイド 日本のチョウ／日本チョウ類保全協会編／誠文堂新光社
日本のトンボ／尾園暁、川島逸郎、二橋亮／文一総合出版
フィールドガイド 日本の野鳥／高野伸二／日本野鳥の会
日本の野鳥650／真木広造、大西敏一、五百澤日丸／平凡社
山渓ハンディ図鑑 日本の野鳥／叶内拓哉、安部直哉、他／山と渓谷社
日本動物大百科 哺乳類Ｉ、Ⅱ／日高敏隆監修／平凡社
日本哺乳類大図鑑／飯島正広、土屋公幸／偕成社
フィールドベスト図鑑 日本の哺乳類／小宮輝之／学研教育出版

### 藤原 裕二
（ふじわら ゆうじ）

1953 年、東京都生まれ。高校時代に登山を始めた頃から自然に興味を持ち、大学時代にサークル活動で写真撮影について学び、卒業後、会社勤めのかたわら生きものの観察や写真撮影、生きものに関する執筆などを行う。2005 年に日本自然保護協会自然観察指導員、2007 年に森林インストラクター、2013 年にグリーンセイバー・マスター、2015 年に環境省環境カウンセラーとなり、現在、自然観察会、ハイキングツアーなどで自然ガイドに従事している。所属団体は、日本自然保護協会自然観察指導員東京連絡会、森林インストラクター東京会、樹木・環境ネットワーク協会、日本野鳥の会、日本クマネットワーク、ツキノワの会、日本植物友の会など。著書『多摩川あそび』、『多摩川自然めぐり―美しい生きものたちとの出会い』、『自然の中で美しい生きものと出会う図鑑』（けやき出版）。

## きらめく生きものたち

2024 年 4 月 6 日　初版発行

文／写真　　　　藤原裕二

発行　　　　　　株式会社けやき出版
　　　　　　　　〒 190-0023 東京都立川市柴崎町 3-9-2 コトリンク 3F
　　　　　　　　TEL 042-525-9909　　FAX 042-524-7736
　　　　　　　　https://keyaki-s.co.jp

発行人　　　　　小崎奈央子
デザイン・DTP　土井由音
印刷　　　　　　シナノ書籍印刷株式会社